高等教育艺术学门类"十四五"系列教材

U0641619

包装设计

design

梁小雨

郭孝淳

陈燃

胡雨霞◎著

华中科技大学出版社
http://press.hust.edu.cn
中国·武汉

内 容 简 介

　　本书共分八个章节,含包装设计的意义与作用、包装结构设计与应用、包装的视觉形象设计与造型设计、包装的实操技术与拓展等,从理论到实践、从思维到方案、从创意到实训、从需求到生态意识,阐述包装设计的创意及灵感来源,解析初学设计者如何进行包装设计及学习的过程中如何激发出无限创造力。本书通过归纳、解析,以点带面逐层深入引导学习者全面系统地了解包装设计的全流程,并在不断的学习中提高其兴趣与热情,使其有激情、有动力,释放出自己的设计潜能。

图书在版编目(CIP)数据

包装设计 / 梁小雨等著 . —武汉: 华中科技大学出版社,2023.11
ISBN 978-7-5772-0138-2

Ⅰ.①包⋯　Ⅱ.①梁⋯　Ⅲ.①包装设计—教材　Ⅳ.① TB482

中国国家版本馆 CIP 数据核字(2023)第 216451 号

包装设计
Baozhuang Sheji

梁小雨　郭孝淳　陈燃　胡雨霞　著

策划编辑:江　畅
责任编辑:张梦舒
封面设计:梁小雨
责任监印:朱　玢
出版发行:华中科技大学出版社(中国·武汉)　　电话:(027)81321913
　　　　　武汉市东湖新技术开发区华工科技园　　邮编:430223
录　　排:武汉创易图文工作室
印　　刷:湖北新华印务有限公司
开　　本:889 mm×1194 mm　1/16
印　　张:10
字　　数:324 千字
版　　次:2023 年 11 月第 1 版第 1 次印刷
定　　价:59.00 元

前言 Preface

【教学目的】

"包装设计"为本科视觉传达设计专业的专业核心课,通过对包装设计概念、方法及应用实践的讲解,使学生从平面设计、结构设计、造型设计、材料工艺、设计流程、市场需求等方面综合地掌握包装设计的知识与技能,较全面地提升从观察到思考、行动、验证全过程的设计能力。

【教学方法】

(1) 系统理论学习方法:以要点提炼进行有针对性的阐述与解析,帮助理解各类知识点;

(2) 引导主动思考的创新方法:形成对生活关注、对环境关注及用设计服务社会的意识与行动;

(3) 实践动手能力提升方法:加强兴趣的引导、灵感的激发、概念的理解、方法的应用、设计的转化等知识点的掌握。培养学生开阔的视野、活跃的思维、创造性的活力及设计引领生活的意识。

【步骤要求】

课前:开课前的基础准备阶段。在各类平台进行资讯的收集,从多方位拓宽视野,先行认知与了解基本信息。

课中:正式进入课程的学习阶段。按课程进度要求完成各阶段的学习。

课后:课程结束后的延展阶段。对完成的课程作品进行再深入,可投稿赛事、申请专利与落地转化。

线上:利用MOOC、学习通、腾讯会议等线上平台,实时解答学生问题,进行交流,推送信息。

线下:互动("翻转")教学,形成教与学的互动,提升学生主动学习的意识;理论与实践应用教学,以项目、赛事导入教学,加强学习的真实应用性与落地转化性,提升学生解决在学习各阶段不断出现的问题的能力与执行力。

【课程特色】

(1) 在激励引导中强化知识与技能的学习掌握,注重对时代(社会)的关注,培养设计服务社会的意识,形成有思想、有目标、有动力的设计引导。

(2) 认识学习的目的是什么,为何而设计,为什么而设计;强调教学引领特色,激发学生的热情、主动性,提高思辨能力。

(3) 进行文化引导、生活引导、自主服务意识引导,培养"爱"的动因,激发"求"的潜力,体现"动"的实力,展现"用"的活力。

目录 Contents

第一章

概论

第一节　包装与包装设计概述

（1）包装的含义。

包裹之曰（苞）包也，初生之象，有外在的被包起之意；"装"有两层意思，安置与装扮之象，有可容之空间载体的纳入和装束、装饰、装潢之意。（见图1-1）

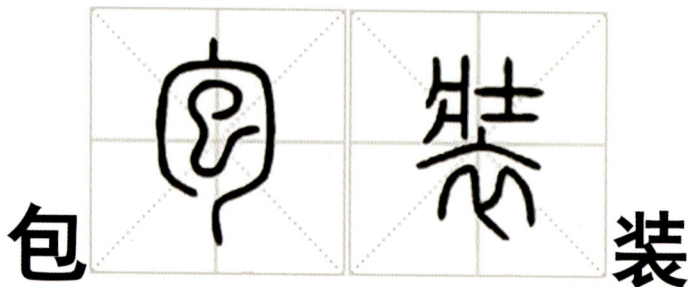

图1-1　包装

（2）包装的定义。

包装初始意在表述物品在储存、携带、运输时被加以保护进行的包裹。在商品流通中，为使产品更有市场特性与价值，包装的设计更体现在物品的材料、功能、技术、安全及销售综合性的品质需求上。

包装有两种固有特性。一是提供可装物的器物，即容器，如装液体、固体的（瓶、壶、罐、杯、坛、盒等），起到功能与用途的作用，其重要的特性是可操作、易运输、好储存的安全保障；二是提供有引导、吸引作用的"二次包装"，如包装视觉形象设计（品名、图形、文字、色彩等）起到功能以外的增长价值的作用，其重要的特性是可识性、美观、清晰、新颖等信息传达特性。

第二节　包装的特性与作用

包装的原始本质特性解析如下。

以最简单、易懂的方式理解包装的特性。在自然中我们可获取能借鉴用于包装设计的元素非常丰富，如有空间特性的（贝壳、竹筒、葫芦）、有包裹特性的（柑橘、鸡蛋、花生）、有简单加工特性的（竹编、草编、藤编）等，都能形象地体现出包装的特性。

原始自然形态的特性分析：从自然中感知可用于包装的生物特性，以借鉴、引用、联想，发现并理解包装事物的本质特性与可扩展特性，进行应用试验。这里以自然中的树叶、葫芦、西瓜的原始生态属性来认知、了解，还原人类从自然中获取所需时的思考与创造性的行动，如图1-2所示。

从需求获取的角度理解包装的初始目的：受自然中的物象特性、形态特性、生长特性、结构特性等启发与影响进行的模仿自然特性的设计与应用。以生活中遇到和能用一定的智慧结合现有的条件去解决问题而展开的设计。

目的：从原始理解包装的由来及进行的包装设计试验，为今后的包装设计打开思路。

课程小试验：通过包装获取水的途径与方法的小试验，如图1-3和图1-4所示，让参与者认识与理解设计行为来源及设计所带来的改变,也告知学习者有能力做好设计。

树叶。
叶面较宽的可直接围合包裹;
叶面较窄的可通过编织等手段达到可容纳物体的特性。

葫芦。
有天然形成的外壳,除保护自己外还可提供储存的空间;
有着极强形态特性和功能特性。

西瓜。
西瓜的外皮、内皮就如现在我们对物品进行包装所用的外包装及内缓冲层一样,巧妙而贴切。

我们用兽皮包裹身体,用贝壳、葫芦装水,用编织的藤蔓捆绑物品,从居住到出行等方面,自然给予人类无限的启迪。

图1-2 树叶、葫芦、西瓜

取水的途径
（山坡、距离等）

取水的环境条件
（小溪、树、树叶、石头、泥土、小草）

家

使用的方法、要克服的困难
（如何取水、如何运水、如何存储水）

图1-3　原始需求行为取水试验示意图

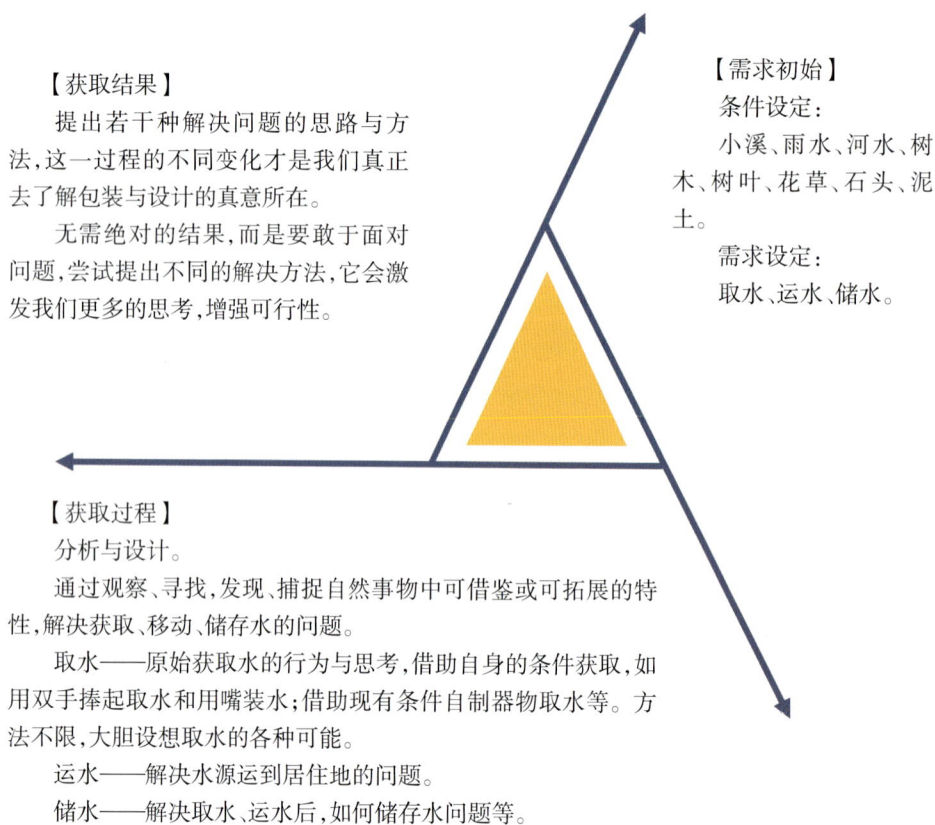

【获取结果】

　　提出若干种解决问题的思路与方法，这一过程的不同变化才是我们真正去了解包装与设计的真意所在。

　　无需绝对的结果，而是要敢于面对问题，尝试提出不同的解决方法，它会激发我们更多的思考，增强可行性。

【需求初始】

　　条件设定：

　　小溪、雨水、河水、树木、树叶、花草、石头、泥土。

　　需求设定：

　　取水、运水、储水。

【获取过程】

　　分析与设计。

　　通过观察、寻找，发现、捕捉自然事物中可借鉴或可拓展的特性，解决获取、移动、储存水的问题。

　　取水——原始获取水的行为与思考，借助自身的条件获取，如用双手捧起取水和用嘴装水；借助现有条件自制器物取水等。方法不限，大胆设想取水的各种可能。

　　运水——解决水源运到居住地的问题。

　　储水——解决取水、运水后，如何储存水问题等。

图1-4　原始需求行为取水试验分析图

第三节　包装设计的发展沿革

　　从包装最初、最基本的需求特性进行简要的历程分析，了解包装及包装设计的发展变化过程，如图1-5所示，其目的是希望从发展中重新思考包装对产品及消费的意义与作用。

未形成交换流通特性的包装

原始包装的目的是对剩余的物品进行最简单的包裹处理(用草穿挂、捆扎,用动物的皮囊装物等来实现)。

形成交换流通特性的包装

这一时期人类有了物质与精神的双重需求,产品的包装呈现出功能、形态、材料、工艺及审美等多重特性。

具有自然特性的民间包装。

民间包装,如端午节的粽子包装、自制酒水包装(皮酒囊、陶罐)、竹编的茶叶包装等,还未形成明确规范的图形、文字,但已广泛形成包装基本信息的认知。

具有商业特性的商品包装。

开始出现商品的图文信息,对商品有了品名、品牌意识,也使商品在流通中形成了体系。

现代包装。

随着社会发展、技术进步、物质生活的提高,需求也在发生变化。传统的包装形式与现代的包装有了新的碰撞,这一时期包装在功能特性外更注重审美特性、趣味特性、个性,包装设计呈现出精美、丰富繁荣的现象。

环保包装。

返璞归真、遵循自然,对商品的包装提出了新的要求,个性化的包装、交互体验的包装及简约环保的包装,开始考虑回归包装设计的本质目的。

图 1-5　包装的发展沿革

一、包装的功能与用途特性

包装有两个主要的特性,一是自然功能用途特性,即对商品所起的保护性作用;二是社会功能用途特性,即对商品所起的媒介作用,也就是通过包装设计吸引购买,把商品推销给消费者,起到拓展市场的作用。

这里将包装设计的功能与用途特性归纳概括为以下七点。

(1)安全与卫生:对商品起到必备的保护作用,如防晒、防潮、防尘、防漏、防溶、防腐、防水、防散、防碰、防压、防污、防渗、防失、防盗、防伪等。(见图1-6)

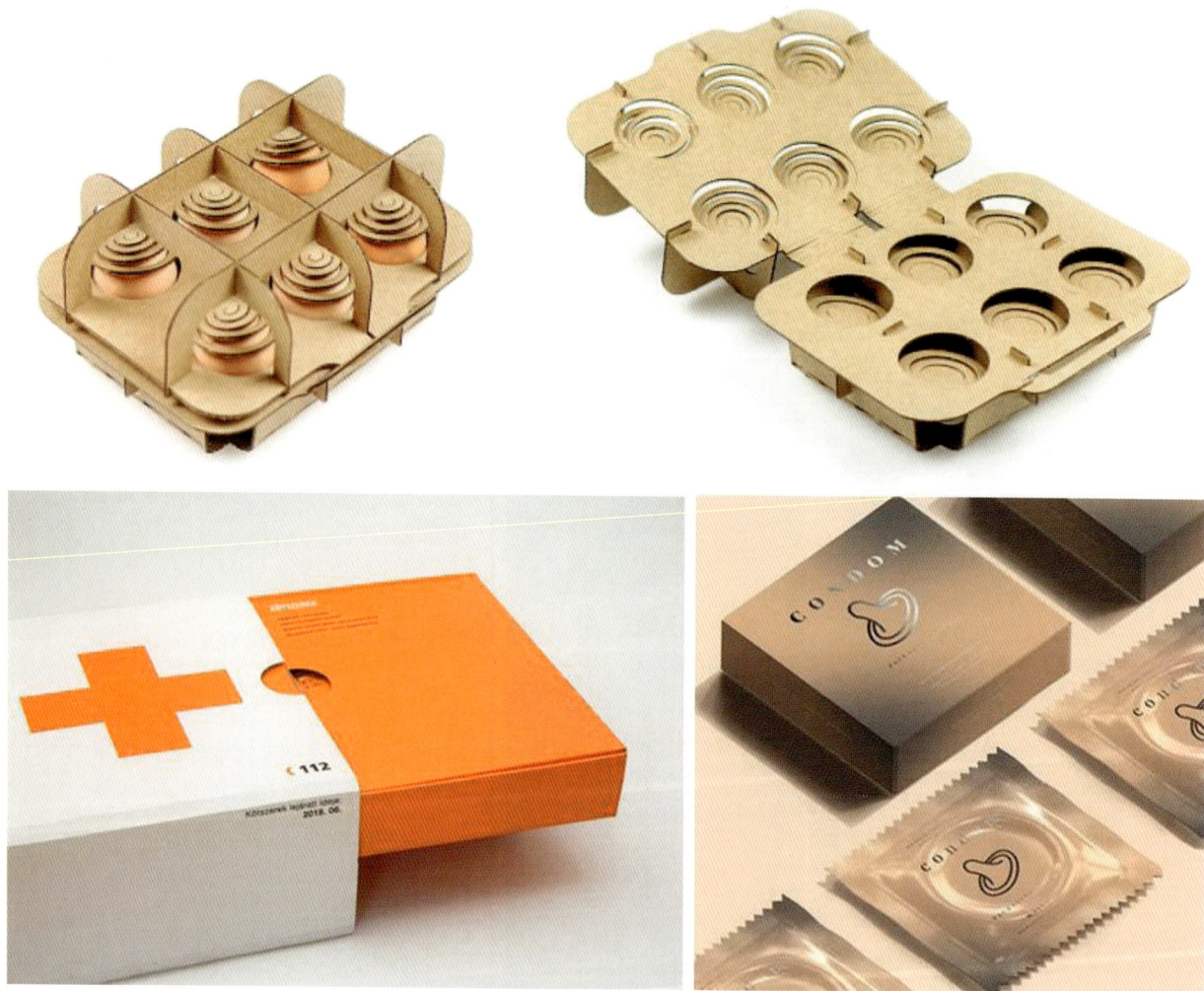

图1-6 安全与卫生

(2)实用与便利:对商品的贮运、收发、仓储管理、调配等销售的各个流通环节提供方便、快捷的服务活动;在消费使用上易开启、易移动、易识别。(见图1-7)

(3)美观与经济:美观的包装设计从视觉上能吸引消费者的目光,从心理上能引导提升消费需求,从商品价值上能增加商品的附加值。(见图1-8)

(4)宣传与引导:商品包装及商品的广告宣传是引导消费的信息传播推广的一种"共生"现象,是商品生产商对消费群体传递信息的一种有效方式和手段。传统的平面宣传广告、POP宣传、户外LED数字广告、商博会及现今的自媒体网络宣传等,各类宣传与引导方式都是推销商品的有效手段。(见图1-9)

图 1-7 实用与便利

图 1-8 美观与经济

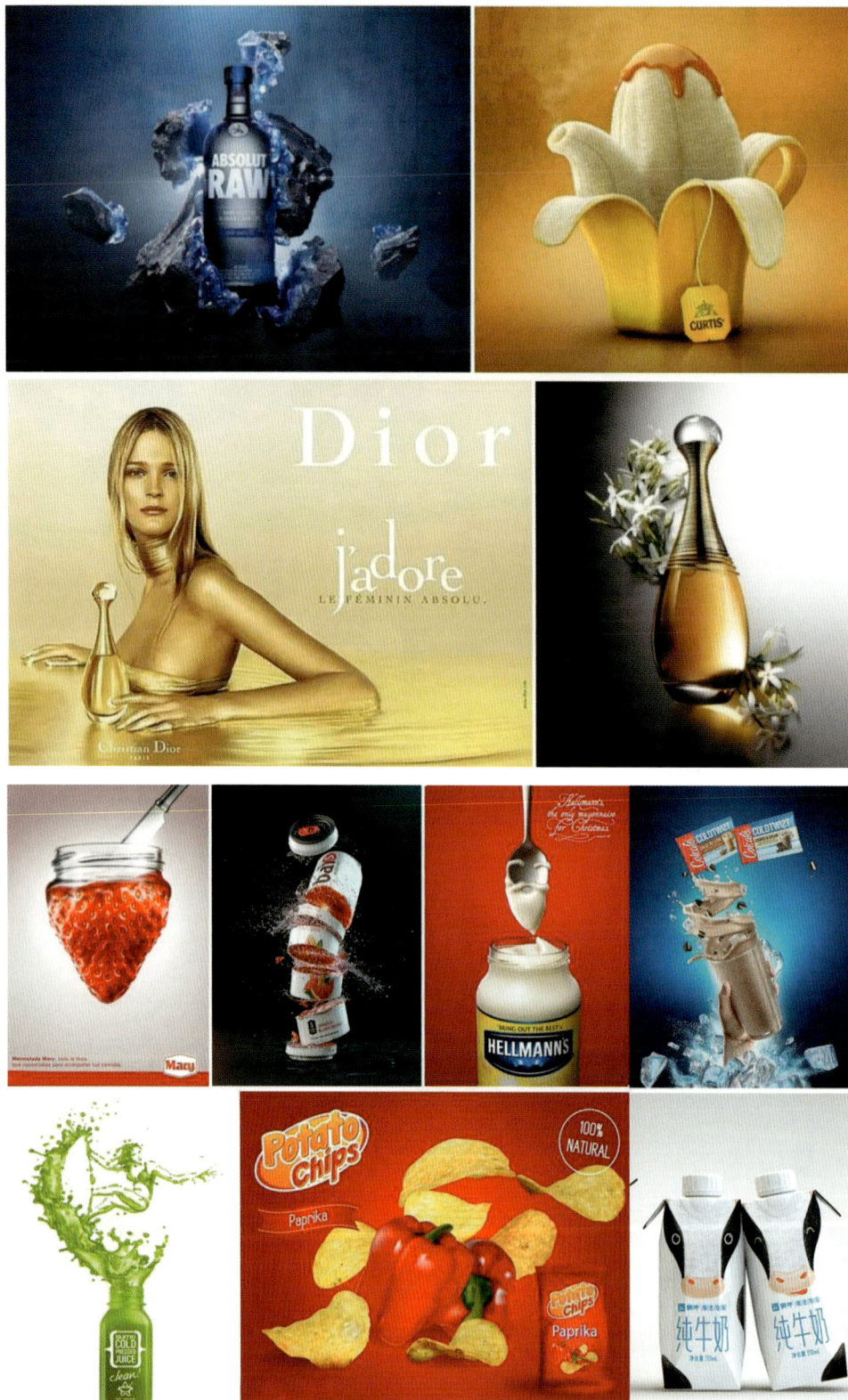

图 1-9　宣传与引导

（5）品牌与传播：包装承载着品牌和产品的价值传递，而传播的价值由传播接收端即消费者创造，所以产品以其内在的品质及外延的品相打动用户。同样，产品的性价比（品质、外观、价格、服务的综合考量）形成品牌的综合特性及竞争力。（见图1-10）

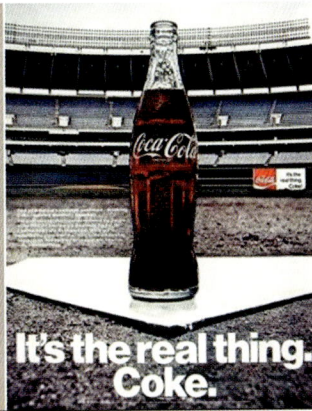

图 1-10　品牌与传播

（6）宣传与展示：包装在有形与无形中提升着产品的价值，增强产品的受众感受，合理的促销手段与活动，都是开拓市场的有效方法。陈列、展示、展销活动都是商品市场推广的一种营销方式。商品展售对陈列空间的规划，商品与其他商品的区别，商品的独特性展现，吸引和刺激消费的方式等都起到一定的引导作用。橱窗、展台、货架展示如图 1-11 所示。

图 1-11 陈列与展示

(7)环保与自然:从源头到消费终结而形成的绿色设计理念与行动。一是减少能源与资源耗费,即包装原材料的合理应用;二是减少产品生产消费损耗,即间接的减少产品在运输流动和销售过程中所造成的原料的浪费;三是简约设计,即满足功能特性及视觉审美而进行的包装设计。自然原生材料的捆扎、编织等包裹处理如图 1-12 所示。

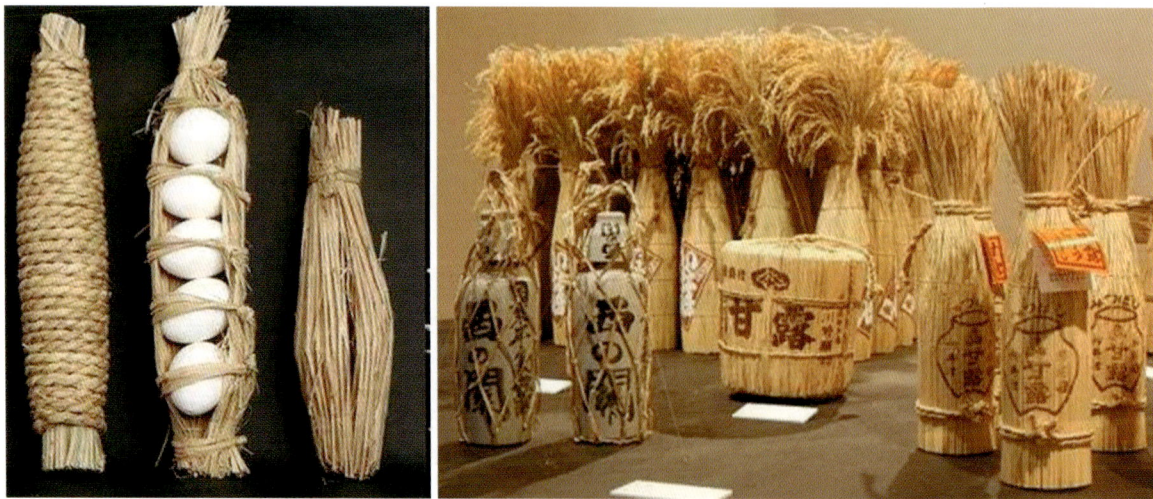

图 1-12 环保与自然

二、包装设计的差异特性

"差异"字面的意思是差别及不同。商品差异性有功能上的差异性、造型设计上的差异性、价格上的差异性、品牌优势形成的差异性等。在现今琳琅满目的同类商品中,产品的包装设计都希望在展现各自的商品中有更能吸引消费的与众不同的设计。

消费不仅为满足物质需求,更多的是商品所能带给自身的个性满足和精神愉悦,包装作为一个品牌的外在表现形式,它所产生的差异以及由此表现出来的品牌特性是吸引消费购买的主导因素。

1. 差异性的包装设计之一

差异理念:尊重商品、尊重消费、尊重设计、尊重美好事物,做精细品质的包装设计,塑造让人尊重的产品,是潘虎包装设计的定位与坚守,并呈现出独有的专注及完美追求的差异特性。

【案例一】强化精品意识,从美学的角度打造品牌。(见图1-13)

"雪花·匠心营造"。
从酒瓶的造型设计上体现概念与表达的独特性,嵌于瓶身的浮雕图形与金色品牌 logo 相结合,简约清晰、高雅明快,形成触觉、视觉、心理的多重体验感。

图 1-13　潘虎包装设计(一)

【案例二】注重物品的特性与使用感受,结构与使用方式更贴切。(见图1-14)

"褚橙情感释放"。
原生态品牌,其品质定位是有情结、有故事,带着秋色沉淀的果实,配上潘虎设计实验室的设计,信息与结构特性形成了完美的表达。

图 1-14　潘虎包装设计(二)

【案例三】时尚潮流引导,从造型与视觉形象开拓新的可能。(见图1-15)

"牛栏山酒"。

以图形符号的造型对酒瓶的设计定位。简的符号特性、繁的图形特性各具特色。

图 1-15 潘虎包装设计(三)

【案例四】塑造品牌的传统与现代特性,感受不一样的设计。(见图1-16)

"鲁花·小磨芝麻香油"。

传统的包装视觉信息表达形式,很好地将原生态的特性表达了出来,有着很好的品质与品牌认知。

图 1-16 潘虎包装设计(四)

【案例五】自然和谐、差异审美,简约而精致。(见图1-17)

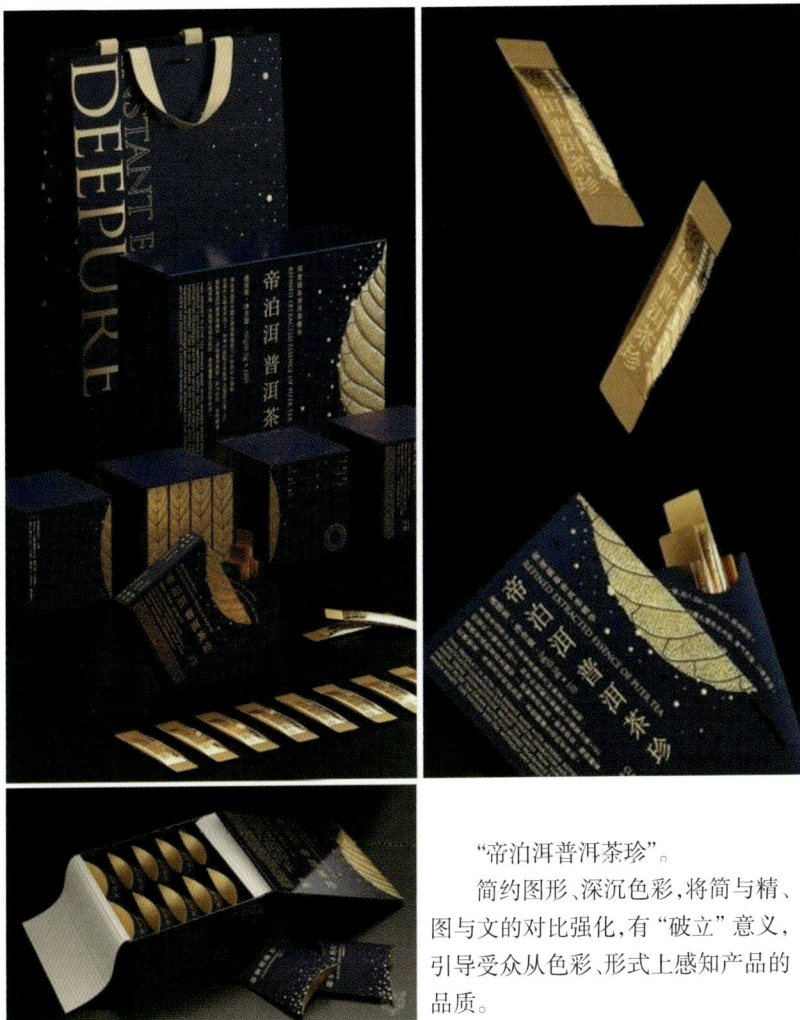

"帝泊洱普洱茶珍"。

简约图形、深沉色彩,将简与精、图与文的对比强化,有"破立"意义,引导受众从色彩、形式上感知产品的品质。

图1-17 潘虎包装设计(五)

2. 差异性的包装设计之二

【典型案例一】形式价值的差异性

小罐茶的包装设计如图1-18所示。

(1)品名与形式的定位。

重新思考茶叶营销的方法与策略,理清、搞明白需求及销售的痛点,从物的固有特性及消费的心理特性重新寻找差异化的途径,小罐茶营销卖点的差异定位吸引了消费,赢得了市场。

(2)传统工艺与标准化的融合。

小罐茶的理念与定位能被消费者所接受不是因为小罐价位低,而是小而精、小而特的综合品质要求。"精与特"一是强化茶叶的源头品质与制茶工艺品质;二是强化包装与使用的物理与心理的双重品质,使消费者感受到茶所传递的文化特性及喝茶所体验到的享受生活的乐趣。

(3)品质与品牌双重特性的强化。

集民间制茶大师和非遗传承人,从茶树的源头到制茶工艺、销售方式、受众反馈,层层把关,呈现出有灵魂的高品质的品牌形象。

图 1-18 小罐茶包装设计

【典型案例二】品名价值的差异性

"东方树叶"包装设计如图 1-19 所示。

(1)品类与品名。

"东方树叶"以茶叶固有的原始特性、需求特性,结合新时代背景及传承中华茶文化的特性,挖掘产品卖点,突出产品的品类与品名的差异定位,来实现产品的差异性认知。

(2)品质与品味。

"东方树叶"是农夫山泉推出的一款快消茶饮品,率先推出"无糖之风""0 糖、0 脂、0 卡、0 香精、0 防腐剂",天然、健康的品质特性,引导年轻消费群体在喝"东方树叶"中感受到传统喝茶的乐趣而爱上喝茶。

结合"东方树叶"的品名特性,在瓶型及茶饮品的品类装饰与色彩上都有传统文化元素的新颖独特性。

【典型案例三】品牌文化价值的差异性

贵州茅台酒的包装设计如图 1-20 所示。

(1)品名与品牌。

"茅台"——中国大曲酱香型酒的鼻祖,"飞天茅台""五星茅台"承载着中国传统的民族品牌,国际知名度及老百姓的认知与认可度。

(2)文化与内涵。

贵州茅台酒历史悠久、源远流长,具有深厚的文化内涵与品质,1915 年获巴拿马万国博览会金奖,与法国科涅克白兰地、英国苏格兰威士忌并称"世界三大(蒸馏)名酒",是一张香飘世界的"国家名片"。

图 1-19 神奇的"东方树叶"

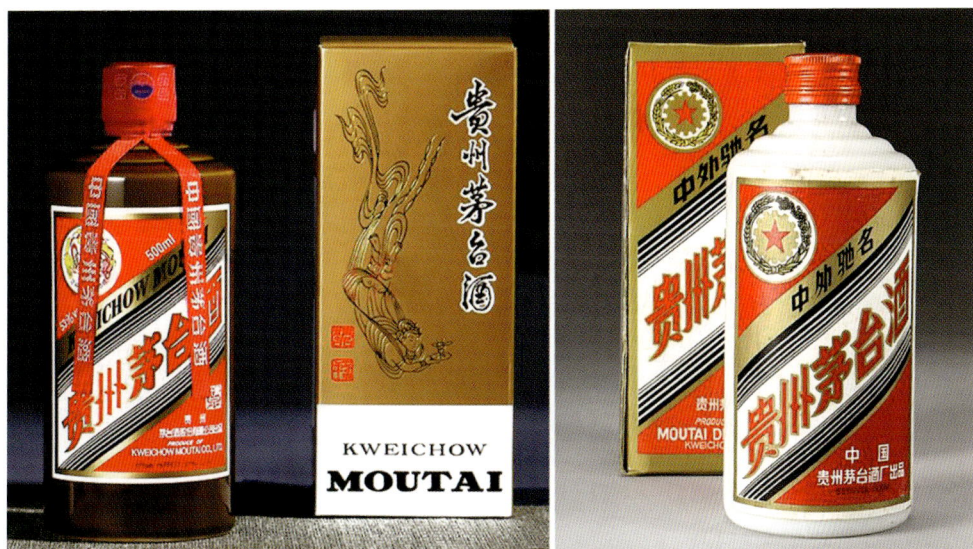

图 1-20 贵州茅台酒

【典型案例四】宣传价值的差异性

品名、品类与广告语。

　　用宣传的方式创新传播产品的品类是突出产品差异化的策略之一,通过广告与广告语传播产品的差异化,并在消费者心中建立认知、培养习惯,拉动消费。(见图1-21至图1-25)

王老吉凉茶——"怕上火喝王老吉"　　　　　　　舍得酒——"智慧人生　品味舍得"

图1-21　宣传差异(一)

农夫山泉矿泉水——"农夫山泉有点甜"　　　　　　雀巢咖啡——"味道好极了"

图1-22　宣传差异(二)

康师傅方便面——"用心让美味加分"　　　　　　德芙巧克力——"纵享丝滑"

图1-23　宣传差异(三)

波力海苔——"海的味道"

好想你红枣——"每天枣一点，生活好一点"

图 1-24 宣传差异(四)

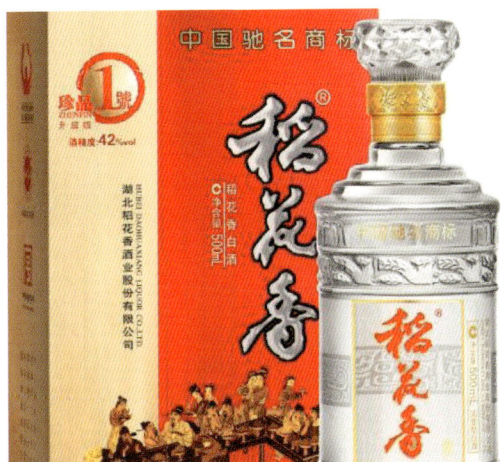

稻花香酒——"浓浓三峡情，滴滴稻花香"

喜之郎果冻——"水晶之念，爱你一生不变"

图 1-25 品名、品类与广告语差异

本章小结

　　简洁明确地解析什么是包装，什么是包装设计，并通过自然物中直接、有代表性的自然而然的包装特色，以简单易懂的方式启发对包装特点的认识与应用，从本质特性、需求特性及设计思考上有目标的介入，使包装设计及应用更具现实意义。

【思政目标】

(1) 自然是最好的老师，我们要关注自然、应用自然，同时也面对现今环境思考设计。

(2) 明白学习包装设计的目的与意义是什么，用设计能改变什么。

(3) 教授学生学习方法的同时，引导学生对事物的认知视角，激发学生的设想与行动。

【重点】

从自我的认知去理解包装设计的发展渊源及包装设计的目的要义，即为什么而设计，什么是有自己的思考和有意义的设计。

【难点】

理解与应用中如何能发现自己的观念，并能较好地表达出来。

【思考训练】

差异化的理解讨论：差异性观点的陈述，如何让差异化包装在商品销售中发挥作用，最终影响消费者决策。

【要求】

讨论中同学们的观念与见解可自由陈述，不要受概念与定式思维的影响（做好2页、500字的图文记录）。

第二章
包装设计的意义
与作用

第一节　包装的视觉形象意义

包装的主要目的在于对商品的保护。对企业而言,便利的运输、优质的储存、优美的形象,都是增加商品的价值特性、促进销售、提高利润的有效手段;对消费者而言,认可、信任、接受是实现商品的价值所在,包装设计通过品质品牌、视觉印象、心理感受、感观体验的塑造等引导消费,所以包装的视觉形象设计起着展现产品综合品质的目标意义与作用。

受众视角接受意义,即使用者透过包装形象对产品产生认知与认可。好的包装设计与消费者的心理有着密切的关系,外观新颖、造型美观、色彩艳丽、特性鲜明、使用便捷的包装设计,能给消费者留下深刻的印象,是激发购买欲、引导消费的重要手段。

设计视角引导意义,即产品的包装在具备保护功能的作用外,还需借图形、文字、色彩等视觉元素,给消费者创造一个美的视觉形象与可信信息,帮助消费者认识产品,并在琳琅满目的商品中迅速找到自己所需要的商品。(见图 2-1)

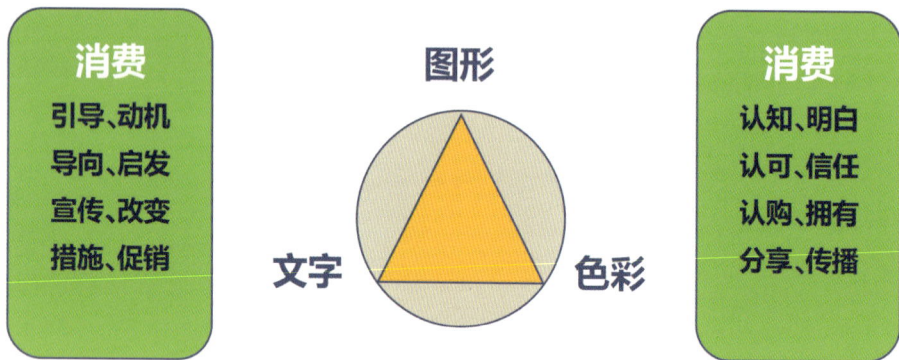

图 2-1　包装设计的视觉形象要素图解

第二节　包装的品牌传播意义

一、品牌与包装设计

"品"有品相、品性、品名、品种等,有等级、标准、优劣、素质等品质之意;"牌"有牌匾、牌号、牌照等,凭证之意;"品牌"特指被社会认同的体现标准化和品质优良的产品牌子。

广义的"品牌"是具有经济价值的无形资产,用抽象化的、特有的、能识别的心理概念来表现其特性,从而在人们意识当中占据一定位置的综合反映。

狭义的"品牌"是一种拥有对内、对外双重性的标准或规则形成的产品品类认知铭牌,是企业通过市场进行产品销售的重要标志与内核,是消费者对企业的文化价值及产品的各项服务综合的评价与认可。

飞利浦·科特勒在《市场营销学》中给出定义,市场营销是企业的一种活动,旨在识别目前尚未满足的需求和欲望,估量和确定需求量的大小,选择和决定本企业能最好地为其服务的目标市场,并决定适当的产品、服务和计划,以便为目标市场服务。同时,他也说道,优秀的企业满足需求,杰出的企业创造市场。

二、包装的品牌意义

包装设计是品牌传播的重要载体,对品牌内涵、品牌形象、品牌认知度起着举足轻重的作用。作为产品与消费者之间进行沟通、形成认知产品品牌的纽带和桥梁,包装设计是实现品牌价值和情感价值传递的途径。好的包装设计是展现品牌优势、强化品牌个性、树立品牌形象、拉动企业效益及提高品牌知名度的有效手段。(见图2-2)

图 2-2 品牌可持续架构导图

第三节 包装设计的可持续意义

一、可持续包装设计的必要性

社会经济迅速发展,人们的物质文化需求飞速增长,包装除了具有商品使用属性及服务提升作用外,其生态可持续性受到了更进一步的关注。现今在国家政策层面、社会经济发展导向层面、企业及消费者服务与需求层面都在以环保的形式力行改变过度包装、虚假包装这种现状。包装设计如何有效地应用好可持续设计理念,如何引导消费,如何以设计解决商品的各类信息,如何简约不减品质、重塑商品的特性,在设计之初需要对现今包装市场存在的问题有清晰明确的认识,理清思路才能有效地做好设计,才能有目的地体现可持续性的真正意义。(见图2-3)

以改善和提高人类的生活质量为目的,持续发展必须与解决大多数人口的贫困联系在一起。贫困与不发达是造成资源与环境破坏的根本原因,只有消除贫困才能提高资源与环境的发展能力。

发展必须与资源、与环境的承载力相协调,因此,必须保护环境,控制环境污染,改善环境质量,保护大自然的生命支持系统,保护生物的多样性,保持地球生态的完整性,使人类的发展保持在地球的承载能力之内。

经济增长是国家实力和社会财富的重要体现。可持续发展不仅应重视经济数量的增长,更应追求经济质量和经济效益的提高,减少生产废物,改变传统的生产和消费模式,实现清洁、文明生产和消费。

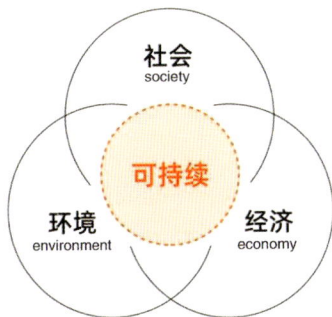

图 2-3 可持续架构导图

过度包装——为增加商品的附加值的包装形式。特点是大包装套中包装、中包装套小包装,在一层又一层精美的包装下形成了浪费。

虚假包装——体积大而商品少的包装形式。一个简单的商品用材、用料过度,包装与商品数量、重量不符。

简约不减品质的包装——在商品的功能与形式及各类传播信息上的适度性,即恰当没有多余的,且美观、经济的设计理念与表达形式。

二、包装设计的可持续原则

包装设计的可持续性原则,即减量化、循环再利用、可降解。包装的可持续性主要提高包装中的绿色生态环保效用与协调性,减轻包装对环境产生的负荷与冲击。如节省资源和能源、减少废弃物、易于回收循环再利用及材料可自行降解。

减量化(reducing):指通过适当的方法和手段尽可能节省资源,减少废弃物的产生。设计上为简约设计,设计回归本质,从过度包装到轻包装,简约并不只是减少,简约不减品质,而是精练,是在保障品质上用设计解决问题。

形式简约——包装简易便捷,包装与商品体量适宜,如图2-4所示;

视觉简约——简单但主题信息突出、图文清晰易辨、美观有吸引力,如图2-5所示;

功效简约——开启方式、识别认知方式、功效与保护方式简单明了,如图2-6所示;

材料简约——以最能体现环保的材料及材料的用量进行的设计,如图2-7所示。

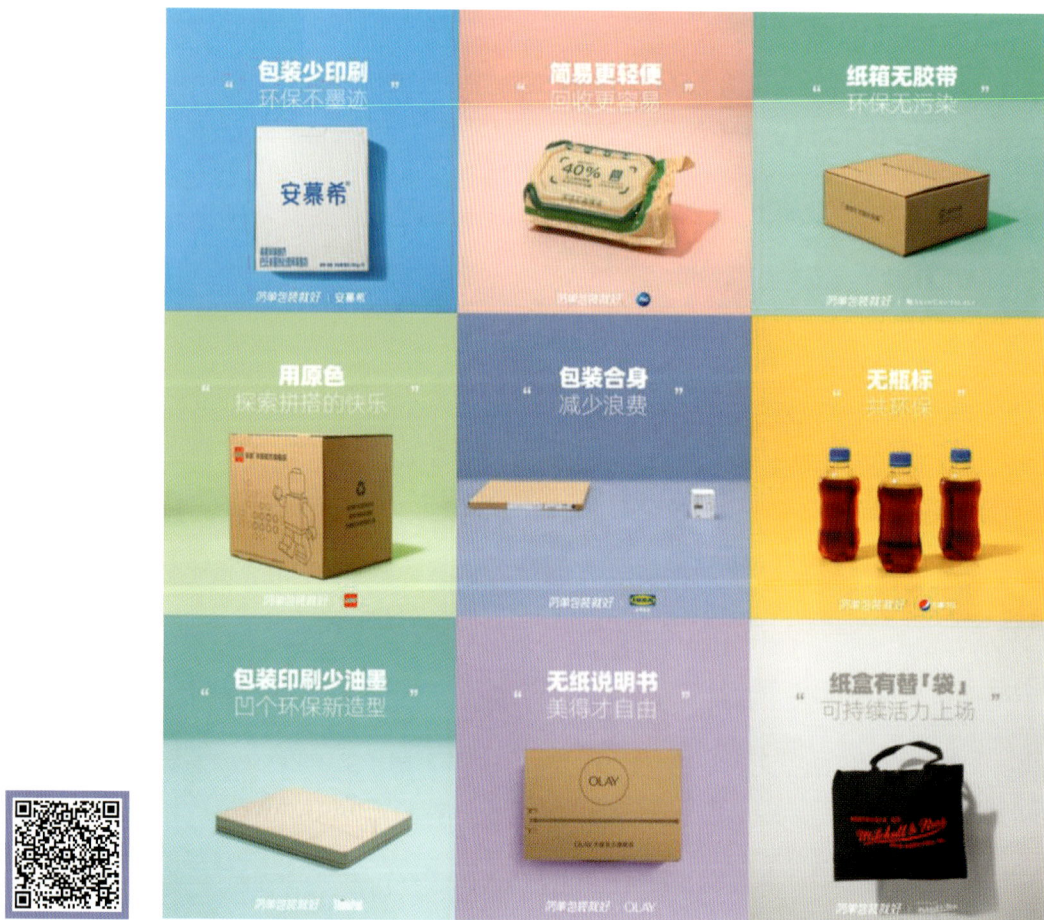

图 2-4 形式简约包装设计图解

续图 2-4

图 2-5 视觉简约包装设计图解

图 2-6　功效简约包装设计图解

图 2-7　材料简约包装设计图解

循环再利用(reusing)：指尽可能多次、多方式地使用物品，以防止物品过早地成为垃圾。再循环设计即设计的物品可回收循环与再使用，是设计创造中还需考虑与注重的可以解决问题的行动。（见图2-8）

给小鸟安个家——英国sainsbury's tea森宝利茶的茶叶包装。

切入点：将英国人爱茶也爱鸟的特性作为设计的切入点融入其中，选用了三种不同的有代表性的小鸟，采用抽象几何拼接图案的形式，简洁明快地表达了鸟的形态与色彩特性；还有茶包的标签，似立于树枝（杯口）的小鸟，形美而有趣。

循环再利用：外包装选用木制材料制作的方形盒子，在滑拉盒盖处开有一大一小两个圆孔，使用时方便取出盒中的茶包，用完后，又可通过简单组合变身为适合小鸟居住的屋子，较好地体现了包装功效的延展特性。

广告宣传引导：在街头、火车站等公共场所引导性的宣传海报，唤起大众用设计保护环境的意识与行动。

图2-8　循环再利用的包装设计图解

可降解(biodegradable) : 指可自然分解的特性。在商品的包装中,产品不脱离本质特性,用设计解决产品以外的问题,可降解材料的应用很好地体现出包装的生态环保性,也用设计赋予产品新意义。(见图 2-9)

这是由酿制啤酒的大麦麦芽壳残渣制成的功能性包装。这种材料区别于纸塑,在生命周期的最后,不会释放任何残留物或有害废物质,自身会很快降解,化为泥土。

100% 可替代纸塑包装的材料,通过设计完好体现出使用的功能特性和引导消费的特性。

(1)少印刷的包装设计。乳白色的瓶身素净整洁,与其他色彩、图形丰富的包装形成对比,反而醒目脱俗;(2)可降解的材料应用于产品的多件组合与销售中的移动,简约而不简单,适用、好用,从功能到形态、到使用的自然属性进行了完美的设计诠释。

图 2-9　可降解的包装设计意义图解

第四节　包装设计的延展意义

(1)解决问题的包装设计可以从以下问题着手。(见图2-10至图2-15)

包装不够美观,无法获得消费者的喜爱。

包装档次太低,无法卖到相应的价格。

终端陈列杂乱,无法在竞争中凸显。

产品体系混乱,无法使消费者认知品牌。

包装形式不好,无法带来更好的消费体验。

包装复杂,消费者使用不方便或不知如何使用。

包装繁杂,与商品不符合。

(2)引导市场的包装设计可以从以下方面切入设计。

提升消费、赢得市场的包装设计。

传递品牌优势的包装设计。

引导消费、激活市场的包装设计。

个性化、趣味化的包装设计。

有环保理念的再生包装设计。

以体现产品为主,简约的包装设计。

新颖别致、独特化的包装设计。

解决问题、方便使用的包装设计。

体现商品属性、美观实用的包装设计。

体现认知价值的包装设计。

(3)包装再设计。

"再设计"(re-design)就是再次设计,有重新审视与改良原有设计之意,包含更新、改进、改造、改变,现今学者给出的解读——"再设计"是设计需重新追溯供需的原点,考虑人—机—环境的协调,生态设计、生命周期设计、绿色可持续设计是再设计的本质。

再设计所需突破的是设计中的设计问题,包括对原已成为经典且使用认可的产品进行重新设计,以期达到可回收性、可重复利用性、可维护性、可重组性、可延展性等特性。从材料、构造、工艺到视觉形象、使用方式、使用需求都是再设计必须重新思考的设计目标。(见图2-16和图2-17)

再设计

· 使用平衡 · 资源平衡 · 应用平衡 · 需求平衡 · 心理平衡 · 生理平衡 · 价值平衡 · 功用平衡 · 理念平衡	包装设计存在的问题及不足。 个性问题:实用问题、需求问题等。 共性问题:过度消费问题、生态环境问题、资源问题。 具体问题:功能问题、形态问题、材料问题、工艺问题、美观问题、使用问题。 用再设计探索研究资源再生可持续的设计方式,共同寻找更好的解决方案与方法,通过改变思维、提升责任意识与行动,从单体到社会公众群体共同重视,用设计改变生活。

图2-10　解决问题的包装设计图解

简单易行的操作,解决使用中遇到的问题的包装设计。

续图 2-10

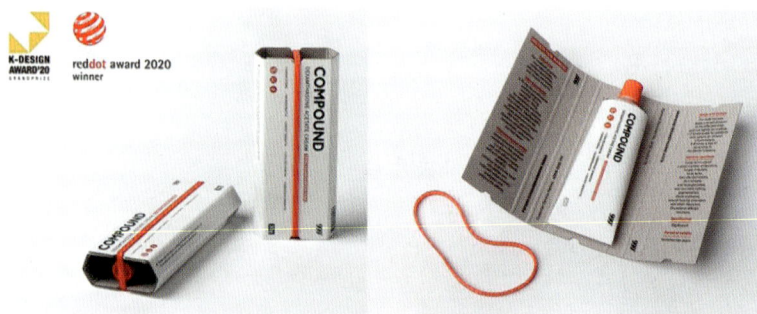

设计重新定义包装盒的使用方式与物品信息说明的关系,打开与装入、打开与识别,包装开合的视觉效果与体验使应用变得干脆利落。

图 2-11　开启方式便捷可识别的包装设计

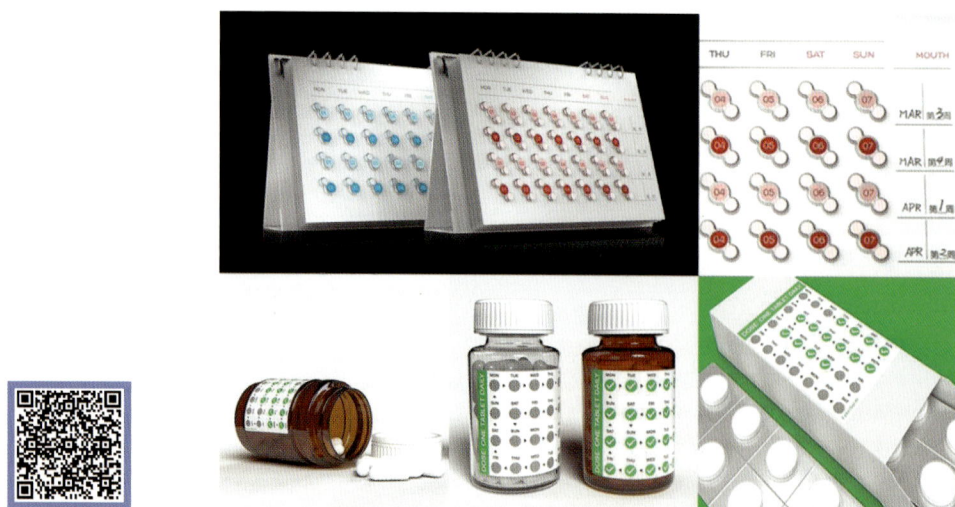

每天服用的药品(救命的、保健的),容易忘记服用或忘记是否已服用,有时间记录特性,能直观感知药品是否服用的包装设计,很好地解决了这一问题。

图 2-12　有提示可查询使用状况的包装设计

像彩笔的奶酪棒,使用形式、使用方法、使用效果别具一格。

图 2-13　解决产品与应用合一的包装设计

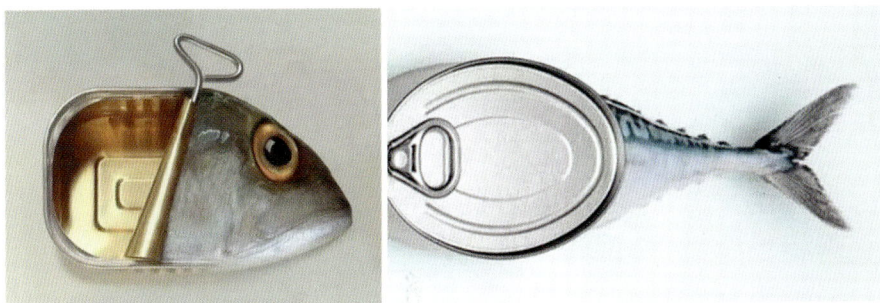

图 2-14　解决开启问题的包装设计

图 2-15　解决使用问题的包装设计

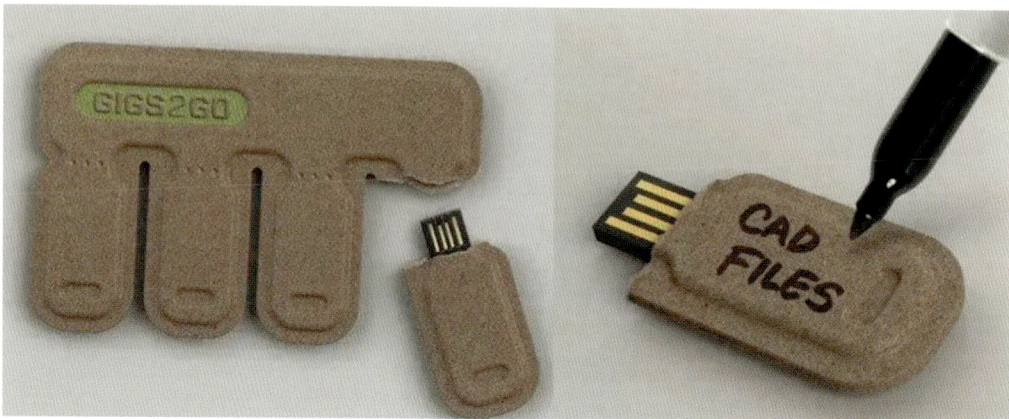

材料的再生特性,体现工艺、使用性能,既美观又实用的产品包装设计。

图 2-16　再生材料的包装设计图解

从功能到形态的原包装造型直接再利用,此为建筑砖材特色的包装设计。

图 2-17　功能再应用的包装设计图解

本章小结

　　通过学习能真实感悟、理解包装设计的意义与作用,并通过相关案例的理论与实践应用解析,较系统全面地了解包装设计的要点,同时起到激发创意构想和可实施于设计的动力。

　　我们在日常生活中接触商品包装较多,感悟也较多,作为学习设计的专业人员要在平时多留心在各种类型的包装使用中所发现的问题或曾经发出的赞许与不满,从设计的角度再深入地有针对性地进行资料的收集与调研分析,整理出好的包装设计、存在问题与不足的包装设计,突破现有的包装定式去发现问题、提出新的设想和解决方法与方案。

【思政目标】

　　包装设计中的可持续发展观的引导意义与目的。

　　(1)结合调研的资料进行设计可持续性发展案例分析,思考如何在包装设计中有效地应用可持续的特性去发现问题,并能提出自己的见解和方法;

(2)同学们可在课内与课外探讨包装设计的可持续性,拓展学习的视野,提高主动思考的积极性;

(3)增强公德意识,体现设计创新的意识与行动。

【重点】

设计初始,首先是视野的拓展与设计思维的转变,明白包装设计的真正作用和如何用设计去体现服务的意义。设计面对的因素很多,如人—物(机)—环境、需求特性、市场特性、环境特性、使用特性、材料特性、工艺特性、美观特性、功能特性、价格特性、价值特性等,所以对商品、市场、需求等前端的调研、了解及对其作用的认知都是设计的前提条件。

【难点】

突破现有的设计与应用认知,拓宽视野,并且能认真地深入进去,大胆地陈述出自己的认识与设想。

【课程训练】

可持续包装设计的收集整理与分析。

【要求】

(1)收集有可持续特性的包装设计(材料特性、视觉表达特性、结构特性)进行分类整理与分析(收集图片50幅);

(2)对能启发包装设计的同类与异类产品资料进行收集,以自己的见解与想法进行特点分析(收集图片50幅);

(3)每类产品的包装设计分析的图文500字。

【提示】

(1)3页PPT排版。

(2)建图片文件夹并保存提交。

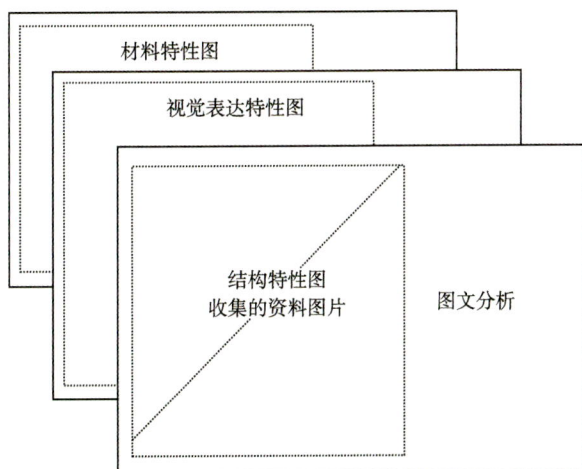

材料特性图
视觉表达特性图
结构特性图
收集的资料图片
图文分析

第三章

包装分类

第一节 包装的分类概述

包装是商品进入市场流通的必备条件,起到无声推销的作用。由于商品的种类繁多,就包装设计而言,按大类分为运输性包装和销售性包装,按商品的品类特性、材料工艺特性、功能形态特性又有更为细致的划分,所以在学习领悟及实际的设计中要进行有针对性的分析与设计。

第二节 包装的分类

一、按包装程序分类

从商品的存储、销售、流通的基本要求来看,包装可分为三个类型:①具有组合性、便于整体运输功能的"外包装",如图3-1所示;②具有缓冲性、隔垫功能的"内包装",如图3-2所示;③具有美观与信息特性的"小包装",包括容器类的各种形态单品与单品组合特性的包装,是直接保护商品与体现各类信息作用的包装形式,如图3-3所示。

图 3-1 外包装

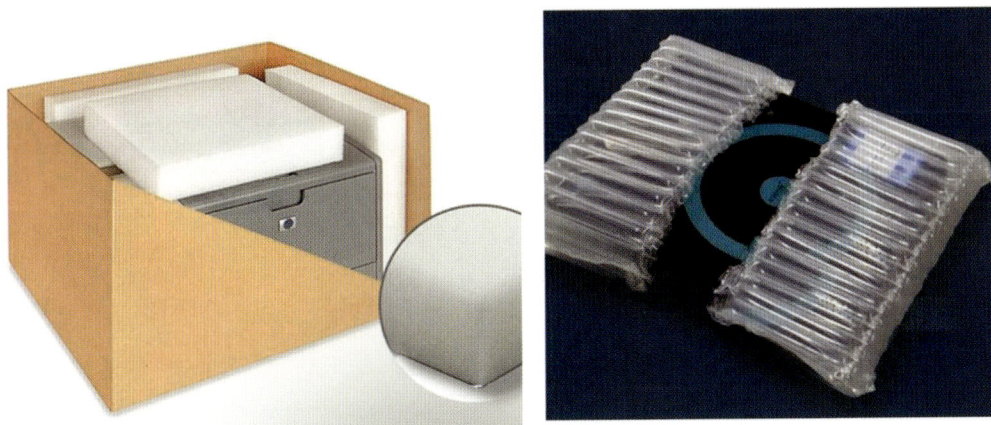

图 3-2 内包装

图 3-3　小包装

二、按包装容器(形状)分类

由于产品的品类特性,所以产品的销售包装含容器类的不同包装形式,如解决最基本需求的箱、桶、袋、包、筐、盒、捆、坛、罐、缸、瓶等形式的包装。(见图 3-4)

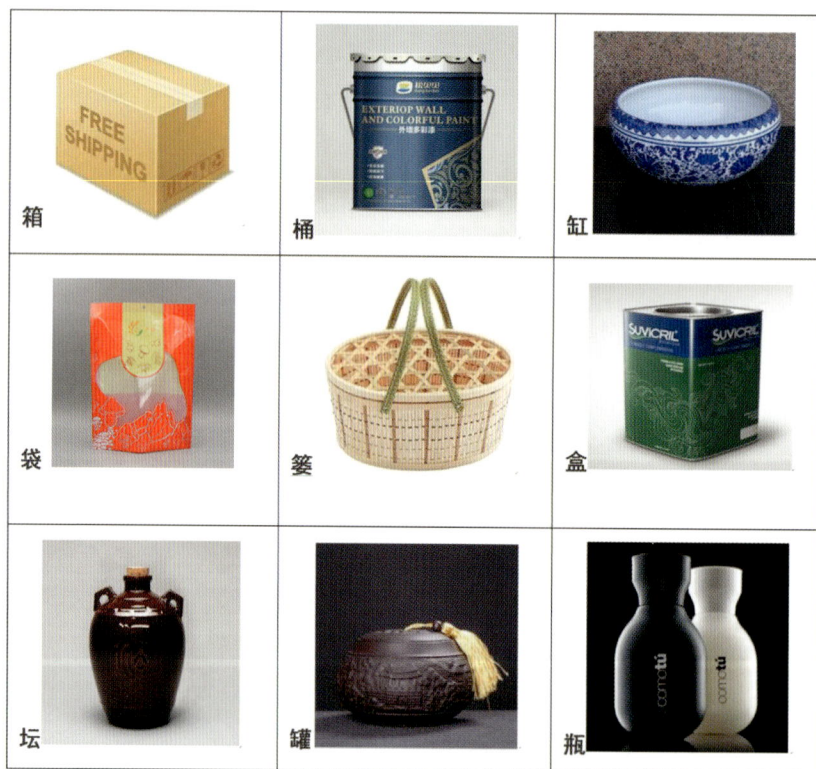

图 3-4　包装容器分类

三、按材料分类

在产品包装中应用较普遍的材料有:纸材、木材、金属、玻璃、纺织品、塑料、陶瓷及复合材料。有些材料易成型,有些材料防腐抗压,有些材料韧性强,所以对各类材料有前端的认识与了解后,在面对具体产品进行包装设计的时候才能有很好的选择决断。同样,严谨的材料分析及结构设计,才能为后期的视觉形象设计提供可施展的舞台。

纸质类包装材料特性解析如下。作为包装材料,纸材、纸板及纸制品应用非常广泛,占整个包装材料的40%以上。按形体特征,纸质包装可分为纸盒、纸箱、纸袋、纸杯、纸碗、纸罐、纸桶和纸浆模塑制品;纸质包装材料具有易加工(如裁剪、折叠、黏合、钉接及异形成型)等特点,纸材的品类繁多,厚的,薄的,可曲折、可伸拉、可卡接、可加减、可切割、可与其他材料组合,易于加工成型与批量生产,经济快捷、印刷装潢精美等,还可手工制作出造型优美、独特的包装,是学生在学习包装设计及应用与表达中最得心应手的材料之一。(见图3-5)

铜版纸	有单面铜版与双面铜版,表面比较光滑,有很好的油墨吸附能力,色彩还原性强,适用于多色套版印刷,印制色彩鲜艳、图形清晰	
克度	80 g、105 g、130 g、157 g、200 g、250 g、300 g(不干胶厚 0.25 mm)	
适用	270 g 以上的适用于礼品盒包装及吊牌;200 g 薄铜版纸适用于食品、药品等的纸盒包装;200 g 以下的适用于瓶贴	
不粘胶纸	铜版纸不粘胶纸和透明塑材不粘胶纸,有超粘型、通用强粘型、纤维再揭开型,使用方便	
材料类型	面材:铜版纸、透明 PVC、牛皮纸、镭射纸、荧光纸等	
适用	单面包装瓶贴、水果贴、标签	
卡纸	分为白卡纸(白底白卡)、灰卡纸(灰底白卡)、铝箔卡纸(俗称金卡、银卡、铜卡等),折盒成型,性能极佳,不易变形	
克度	230 g、250 g、270 g、300 g、350 g、400 g	
适用	纸盒、手袋、吊牌,也常用于高档产品包装,如礼品盒、化妆品盒等	
牛皮卡纸	多种单色、古朴浑厚,有较强的韧性与挺度,拉力和抗压力强,有一定的防水性,印刷多以单色为主,可分为 UV 牛皮卡纸和凹凸牛皮卡纸	
克度	80 g、126 g、150 g、175 g、250 g、300 g、350 g、400 g、450 g	
适用	包装用纸、手提袋、折纸盒	
瓦楞纸、蜂窝纸	由面纸和波浪形纸芯组成,重量轻、成本低、便于运输,有着包装缓冲的作用。普通瓦楞纸 3 层,加强瓦楞纸 5 层	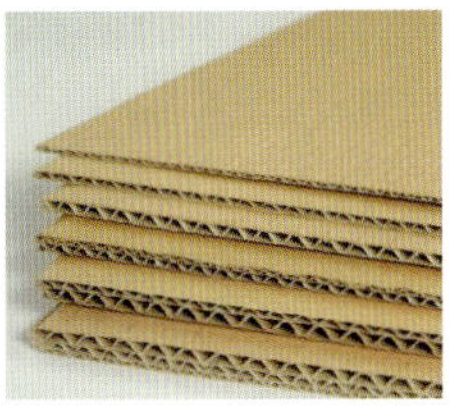
规格	E、F 瓦,厚度 2~3 mm,体积 26 cm×20 cm×10 cm 的纸盒最好用 E 瓦	
适用	中包装、外包装箱、包装盒	

图 3-5　纸包装材料的种类与特性

特种纸 种类繁多,有金卡、银卡、玻璃卡、珠光纸、纤维纸、花纹艺术纸等,包括一些带有特殊加工工艺的纸张都可以叫特种纸,我们可根据产品要求及工艺要求的不同灵活选用	
规格	多种规格、多克度
适用	一般常见于进口纸,主要用于封面,装饰品、工艺品、精品包装等
复合纸 吸塑复合纸、铝箔复合纸、PET 复合纸、不干胶复合纸、PE 透气膜复合纸、牛皮纸复合纸等,是现代包装设计中常接触和使用的材料	
规格	按类型有各种规格
适用	隔热防潮、防漏类的物品包装

续图 3-5

塑料类包装材料特性分析:塑料是现代包装中应用较为广泛的包装材料,除有纸材的优势特点外,它还可以开模成型,对产品有较好的防潮、防腐功效;也可与其他材料组合,易于加工成型与批量生产,经济快捷、印刷装潢精美等;塑料的成型方式非常多,其工艺特性有吸塑、吹塑、注塑、挤塑、压制成型等。(见图 3-6)

塑料 聚甲基丙烯酸甲酯(PMMA,俗称亚克力或有机玻璃)、聚碳酸酯(PC)、聚对苯二甲酸乙二醇酯(PET)、聚丙烯(PP)、聚氯乙烯(PVC)、ABS、热塑性聚氨酯弹性体橡胶(TPU)、聚苯乙烯(PS)、聚砜(PSF)、透明尼龙等	
规格	各种规格
适用	适用于食品、药品包装等
塑料袋材质 常用的塑料包装袋多由聚乙烯薄膜制成,该薄膜无毒,故可用于盛装食品。还有一种薄膜由聚氯乙烯制成,聚氯乙烯本身也无毒性,但根据薄膜的用途所加入的添加剂往往是对人体有害的物质,具有一定的毒性	
规格	多种规格
适用	由聚丙烯制成的塑料适用于食品、药品包装

图 3-6 塑料包装材料的种类与特性

玻璃类包装材料特性分析:玻璃透明度高,防腐蚀性强,不串味、密封性好、保质性好,多应用于液体和可长时间存放的物品(如酒水、蜂蜜、果酱、辣酱、化妆品、医药用品)等;可回收与重复使用。(见图 3-7)

透明玻璃	
无害、无味,透明、美观、阻隔性好、不透气、原料丰富普遍,价格低,且可多次周转使用;具有耐热、耐压、耐清洗的优点,既可高温杀菌,也可低温贮藏	
适用	茶类、化妆品类、茶酒类、医药用品、化学用品等广泛使用的包装材料

磨砂玻璃	
用普通平板玻璃经机械喷砂、手工研磨或氢氟酸溶蚀等方法,将其表面处理成微细凹凸状态而不透明的玻璃制品。特点:表面细腻,透光不透明,有朦胧、轻柔的神秘感;无色透明玻璃经磨砂后呈乳白色,有色玻璃经磨砂后具有更强更好的美化装饰效果和艺术效果;磨砂玻璃在质量性能上和原基玻璃相比除透明度外,其他基本不变	
适用	茶类、化妆品类、茶酒类、医药用品、化学用品等广泛使用的包装材料

图形肌理玻璃	
采取独特层式工艺,将设计所需纹理制作在玻璃上,其特点:图案统一性好、一致性强、立体感及纹理层次突出,是传统砂雕肌理所不及的,且展现方式多,可用透明、亚光、聚彩、上彩、丽晶等展现方式,同时肌理玻璃具有热熔玻璃、立体玻璃的效果	
适用	茶类、化妆品类、茶酒类、医药用品、化学用品等广泛使用的包装材料

图 3-7 玻璃包装材料的种类与特性

陶瓷类包装材料特性分析:在产品的包装中应用较为广泛,现主要应用在酒类、茶类的包装中,适合液态和固态产品的包装,其设计形式以瓶、罐为主,也可自行成为产品,如茶器、碗碟、杯盏等,可被其他材料所包装。(见图 3-8)

陶材	
陶瓷有很好的化学稳定性与热稳定性,能耐腐蚀。硬质精陶气孔和吸水率均小于粗陶,粗陶表面粗糙,吸水性与透气性好	
适用	酒类、茶类、糖类等包装

瓷材	
瓷器与陶器相比结构更均匀、质地更密实,色白光滑、吸水率低。陶瓷造型表现丰富,精致美观	
适用	食品类、茶叶类、饮料类、酒类等包装

图 3-8 陶瓷包装材料的种类与特性

金属类包装材料特性分析:金属包装材料的机械性能优良,强度高,具有极优的综合防护性与阻隔性,耐压性强,延展性好,加工方便,工艺成熟,能自动化连续生产,成型效果美观。(见图3-9)

马口铁材料	对水、气、光等透过率低,密封性、贮藏性、避光性、耐用性高,能有效地长时间地保持商品的质量。成型的马口铁罐轻薄、强度高、不易破损,便于储存与运输;可以进行不同形状的加工,且生产效率高。材料有独特的光泽,便于印刷、装饰,包装特性能使商品更美观华丽	
厚度	可厚、可薄	
适用	可用于大容器包装(罐、桶、集装箱等); 可用于中小包装(罐头盒、奶粉盒、茶叶罐、糖果盒、月饼盒、保健品盒、饼干盒、巧克力盒、文具盒、化妆盒、礼品盒、CD盒及封闭容器的瓶盖等)	
铝合金板材	表面性能优异、光泽效果好、光亮度高、不易生锈,具有良好的装潢效果及较高的热辐射反射能力,一体成型,力学强度高,密封性好,光滑平坦,热传导率高。工艺冲压、拉伸加工成型,制成罐型包装,其罐身和罐底为一体	
厚度	可厚、可薄	
适用	食品类、饮料类及药品类包装	
铝箔材料	铝箔是柔软的金属薄膜,具有隔水防潮、气密遮光、防氧化、耐油、耐磨蚀、耐高低温、保香无毒无味、干净卫生、安全等优点,具有很好的防护作用。可塑性强,可用于包装各种形状的产品,也可制造成各种形状的容器。铝箔的银白色光泽易于加工出各种色彩的美丽图案和花纹	
厚度	可厚、可薄	
适用	有铝箔、镀铝薄膜、泡罩铝箔包装袋等铝箔纸是厨房常备的食品加热烹煮包裹材料,食品类、药品类包装	
铝箔纸材	无毒,质地轻软,性质稳定;防潮、遮光、防氧化、保质期时间长,以及具有极佳的使用延展性	
厚度	可厚、可薄	
适用	食品类、饮料类及药品类包装	

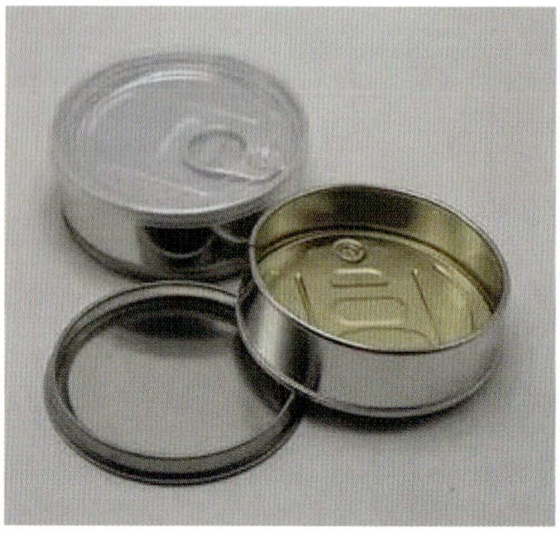

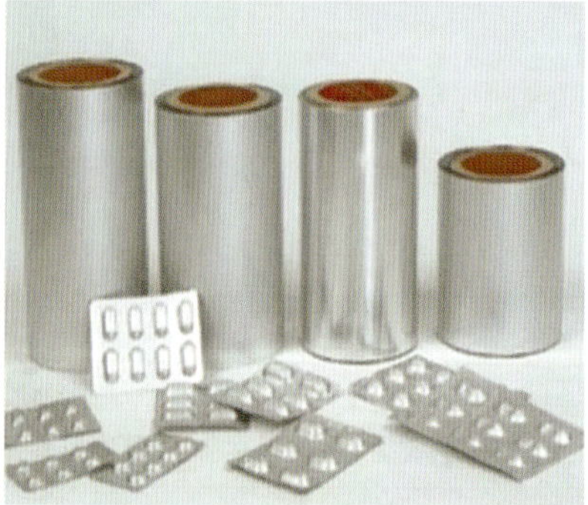

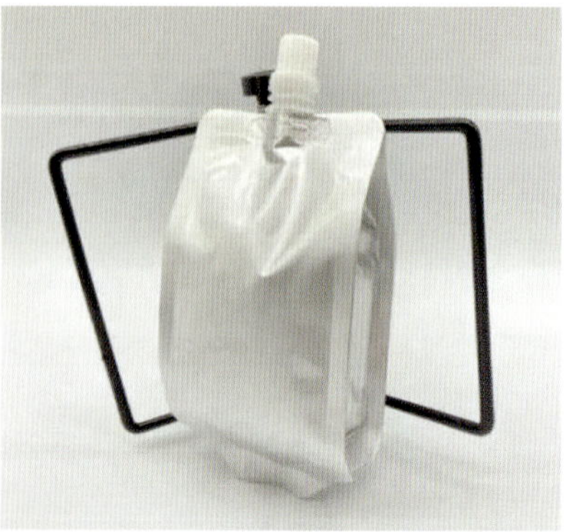

图3-9 金属包装材料的种类与特性

竹、木、藤类包装材料特性分析如图 3-10 所示。

木材 木材特点：纹理独特美丽，温暖而具自然柔美之魅力，无论在视觉上还是触觉上，都是多数材料无法超越的。木材质轻而强度高，易于加工、造型与雕刻，是传统包装应用较多的材料		
规格	板材类、胶合板类、刨花板类等各种形式与规格	
适用	茶酒类、礼品类包装	

竹材 天然的纤维属性，在设计应用中主要涉及的是生活和工艺用品，在提倡低碳、环保的今天，我们对传统的自然材质有着新的认识与理解，特别是在竹材的应用上，新的技术、新的工艺改变竹材的特性，挖掘竹材不可替代的潜质，竹材具有其他材料所无法比拟的特殊优势		
规格	编织筐、篓、盒及竹筒直接使用	
适用	食品类、茶酒类、礼品类、土特产类包装	

藤材 再生能力强，藤是一种生长迅速的植物，一般生长周期为 5～7 年。密实又轻巧坚韧、牢固、不怕挤、不怕压、柔顺又有弹性，且易于弯曲成形		
规格	藤条按直径的大小分类，一般以 4～8 mm 直径的为一类；8～12 mm、12～16 mm，以及 16 mm 以上的藤条为另外几类。各类都有不同的用途	
适用	食品类、土特产类包装	

图 3-10 自然竹、木、藤包装材料特性解析

四、按工艺技术特性分类

包装工艺如图 3-11 和图 3-12 所示。

缓冲包装 充气、隔垫、软包		
保鲜包装 **（无菌）** 冷藏、冷冻、隔热、脱氧		
压模包装 真空、吸塑、压模、热成型		
压缩包装 喷雾气压、泡沫气压		

图 3-11　包装工艺分类

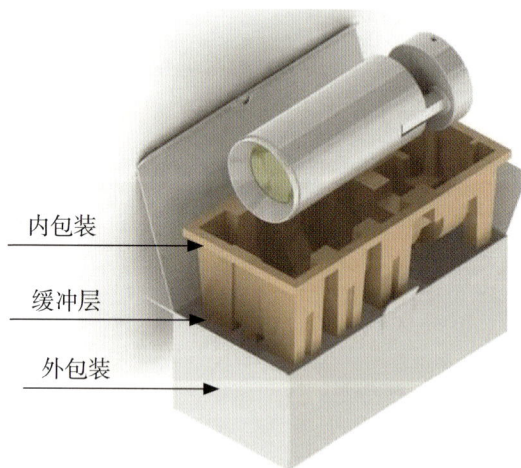

内包装

缓冲层

外包装

图 3-12　包装工艺图解

五、按包装的品类分类

包装按品类可分为食品类(副食、果蔬、烟酒、土特产)、医用产品类(药品、器械)、轻工产品类(日用品、针棉纺织品、家用电器、化妆品)、文化用品类(笔墨纸砚、书本)、化工类、机电类及交通机械类等包装。(见图 3-13)

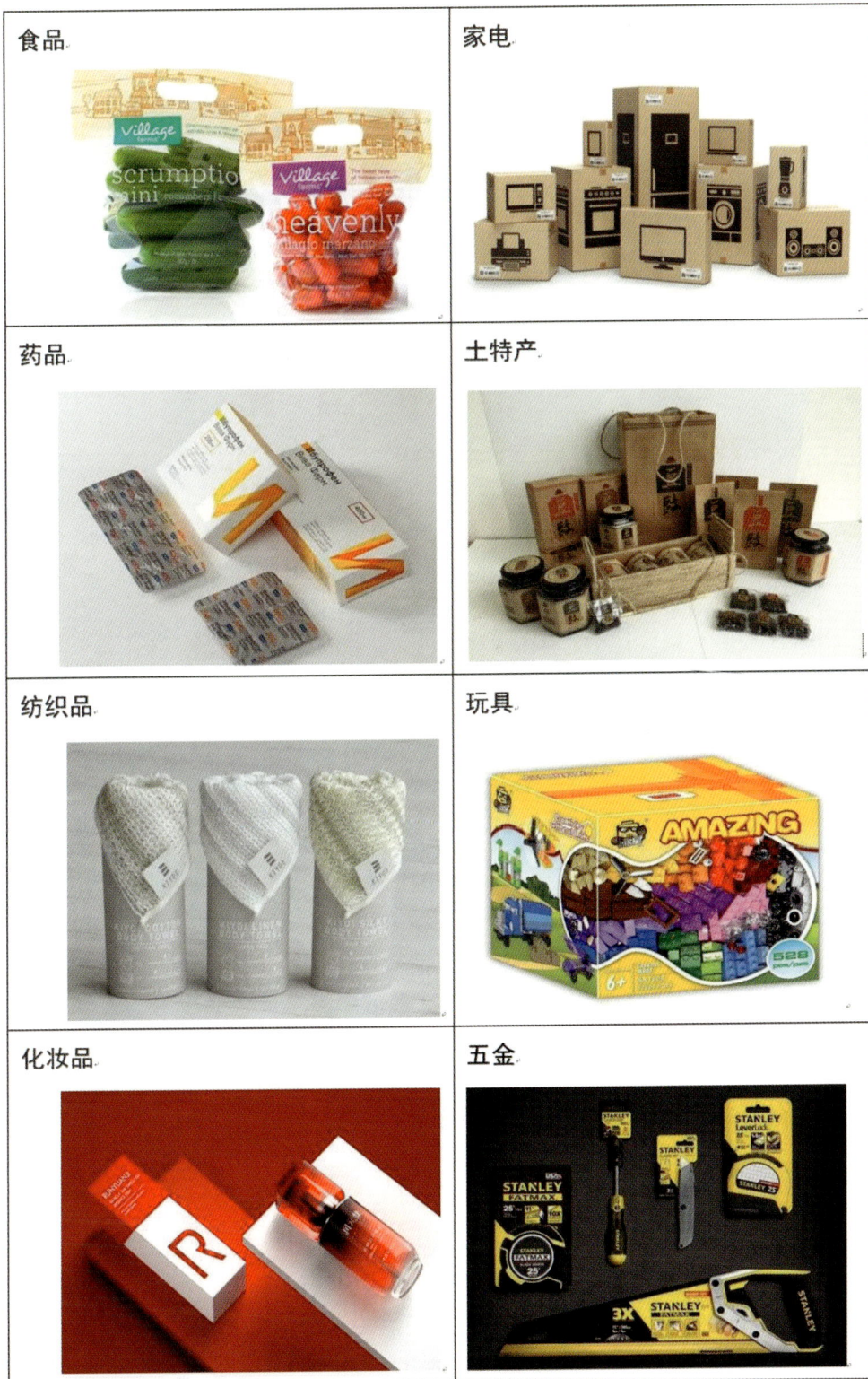

图3-13 包装品类分类

六、以安全为目的的分类

包装的主要特性是安全,就物品而言可分为一般货物包装和危险货物包装,各类都有其明确的规范要求。特殊物品及危险货物包装的几个重要点如下:一是包装材料的选择,二是安全的使用方式,三是信息清

晰明确。(见图 3-14)

基础物品

危险物品

医用物品

易燃物品　易腐物品

图 3-14　包装的安全图解

　　本章对包装的类型进行了系统的划分与解析,希望学习者能较全面地了解包装及包装设计的类型,结合商品不同的特性及要求,在案例和收集的相关资料中去感悟、理解设计需求,并在后面展开的有目标的设计中能合理地做出选择,使应用更具延展性。

【重点】

　　对各类包装形式的了解与掌握,能较好地结合目标进行设计应用,并在此基础上有所突破。

【难点】

　　对各类商品的包装特性要求的清晰认识与把控。

【课程作业】

　　食品、药品的包装特性比较分析。

【要求】

(1)按功能要求进行分析(图文 300 字)。

(2)按使用方式进行分析(图文 300 字)。

(3)每一类图不少于 10 幅,并各有不同特色。

(4)做出 2 页 PPT。

第四章

包装结构设计与应用

第一节 包装的基本结构

包装结构是包装设计的前提条件,需了解材料及工艺特性,结合所装物体的性质、容量、重量、体积等,完成包装的造型设计;包装结构设计包含产品包装的造型设计及内外包装的结构设计。如液体产品必须进行的第一次包装,材料可以是塑料、金属、玻璃、陶瓷及可防漏或防腐的复合材料;产品的第二次包装为平面装饰包装,透过视觉形象的设计,完好地表达出商品的各类属性及信息;产品的第三次包装,是对单体包装的一次整合性包装,是为提供便利的运输、储存,提供安全与信息完整的包装。

一、包装的基本结构与工艺

1. 包装的基本结构与工艺解析——纸材盒型包装

纸材包装的基本结构如图 4-1 所示。

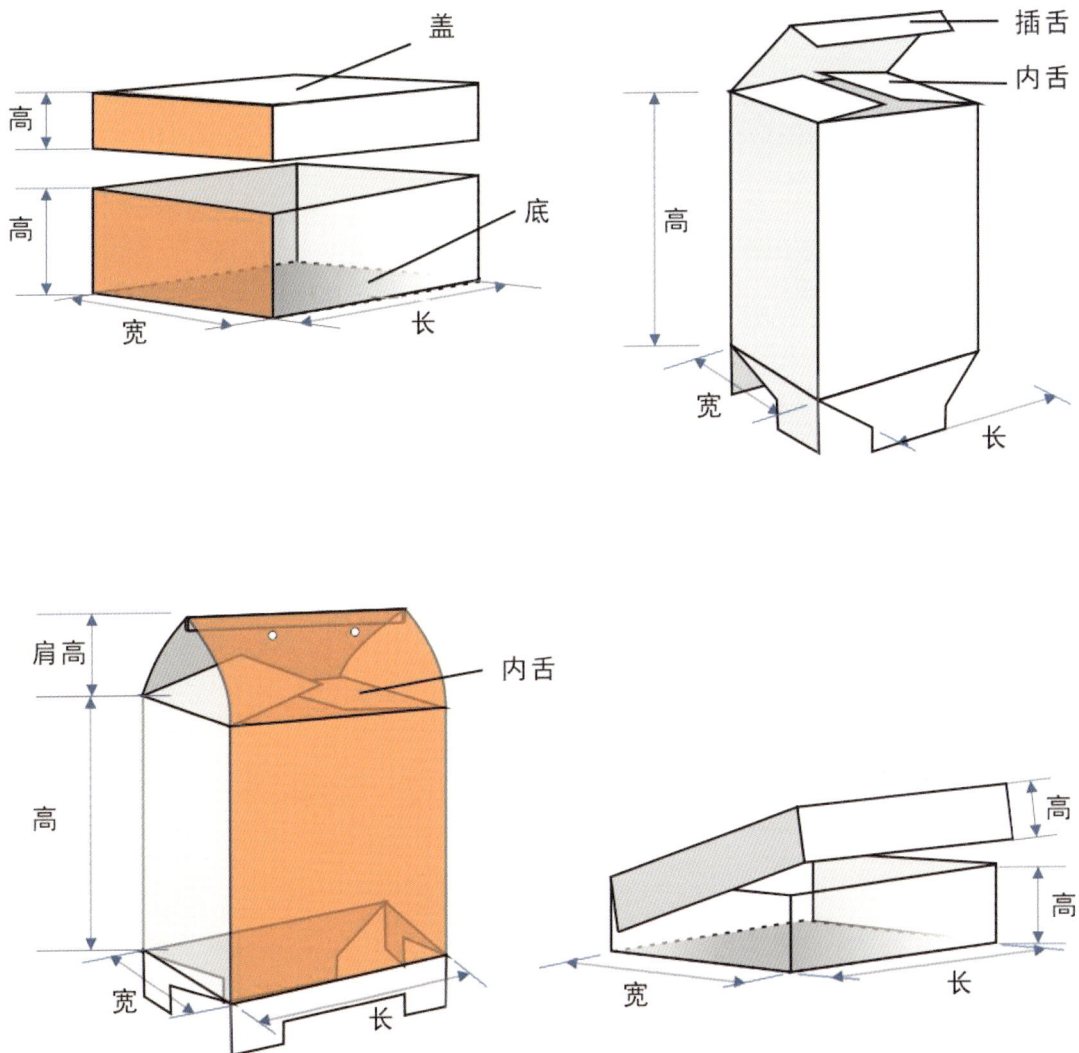

图 4-1 纸材包装的基本结构

(1)插锁式盒型。

插锁式盒型是常见的插接与锁合结合的一种盒型。锁口式：通过正面、背面的两个摇盖互相产生插接锁合，封口较牢固，组装方便。别插锁口式：包装盒的四面摇翼相互咬合，通过别插完成组装，承重较好。摇盖插入式：盒盖分左右摇盖和主摇盖，左右摇盖的结构设计应注意摇盖主次的咬合尺度。它们共同的特点是封口牢固、组装方便、制作难度低、成本低、用途广泛，适合重量较轻的商品。（见图4-2和图4-3）

图 4-2　插锁式盒型结构图解

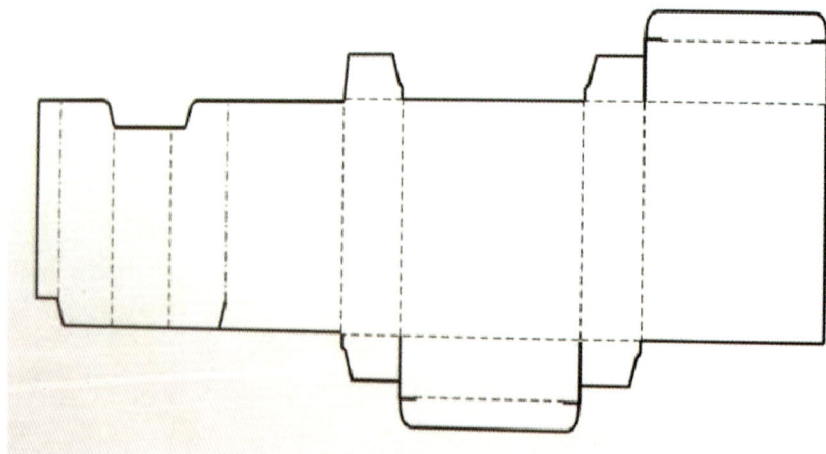

图 4-3　摇盖插入式盒型结构图解

(2)飞机盒型。

飞机盒因外形展开像飞机而得名，其结构一体成型，无需其他的粘连物，加工成型方便，应用广泛，成本低，适用包装一些体积不算大的和便于运输的商品。（见图4-4）

盒型尺寸建议：长160~180 mm、宽140~160 mm、高60~80 mm。

材料规格建议：300~350 g白卡。

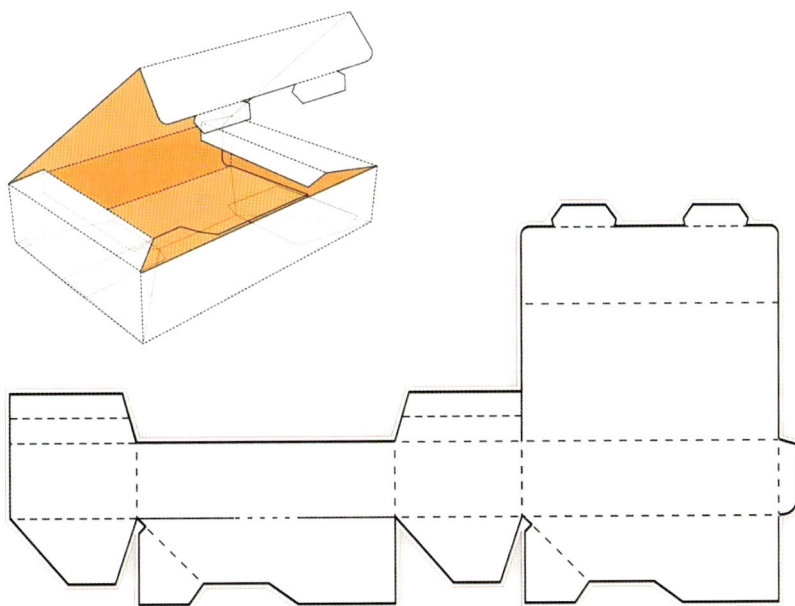

图 4-4　飞机盒型结构图解

(3) 天地盖盒型。

天地盖盒结构是有上下关系的成型方式。其结构形式有可折叠的天地盖、锁边天地盖、全伸缩天地盖；按外形可分为方形天地盖盒、长方形天地盖盒、圆形天地盖盒等。(见图4-5)

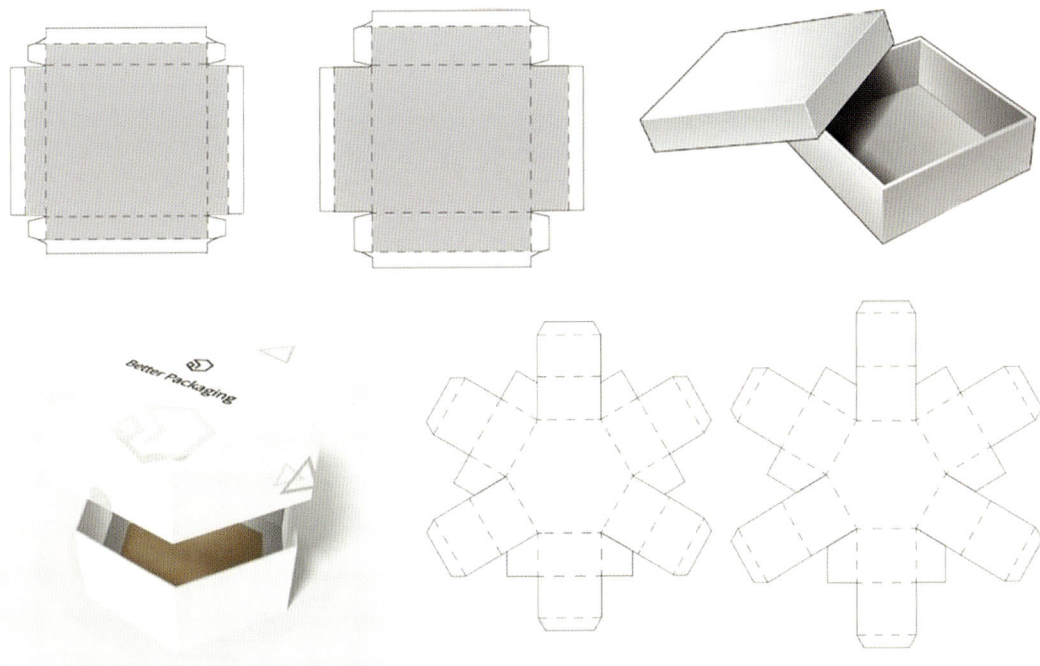

图 4-5　天地盖盒型结构图解

(4) 翻盖式盒型。

翻盖式包装盒分单翻盖盒与双翻盖盒，一个盖面的是单翻盖盒，双翻盖盒由一个底盒和两个盖面所组成，双翻盖式包装盒要求的工艺相对复杂。(见图4-6和图4-7)

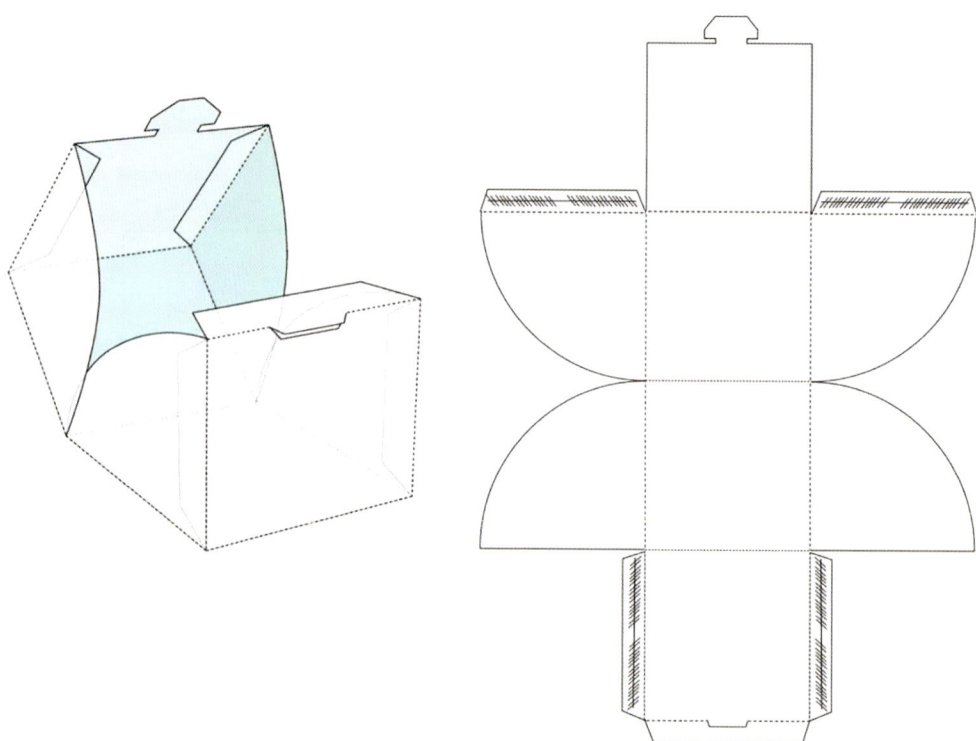

图 4-6　单翻盖式盒型结构图解

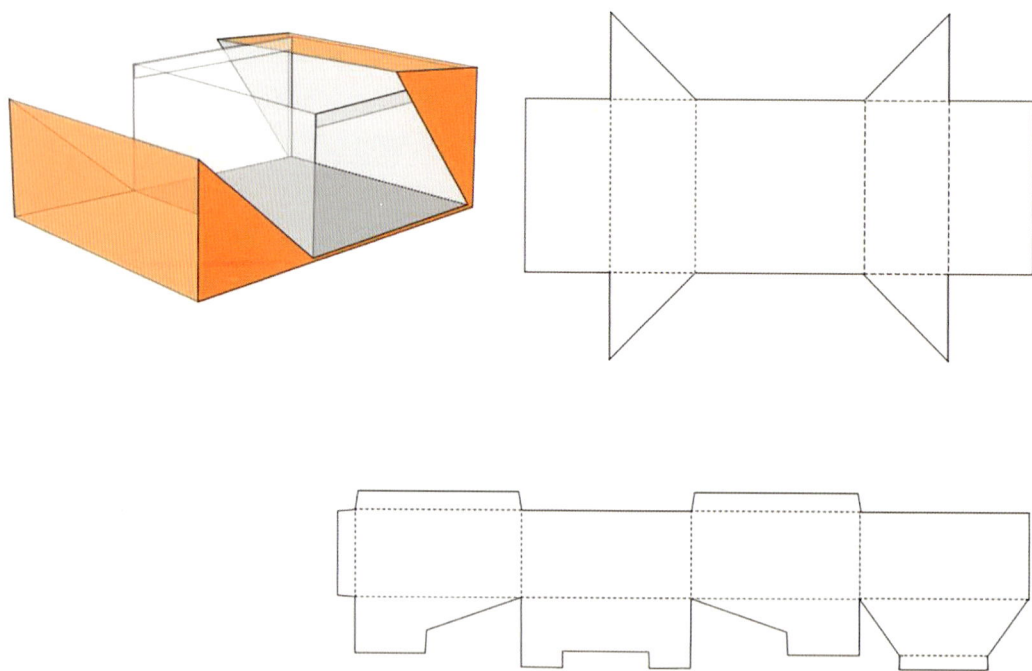

图 4-7　双翻盖式盒型结构图解

(5)抽拉式盒型。

　　抽拉式盒形似抽屉,由盒身和抽匣组合而成,盒身为外盒,可单边或双边开口,结构多样牢固,使用方便,用途广泛。(见图4-8)

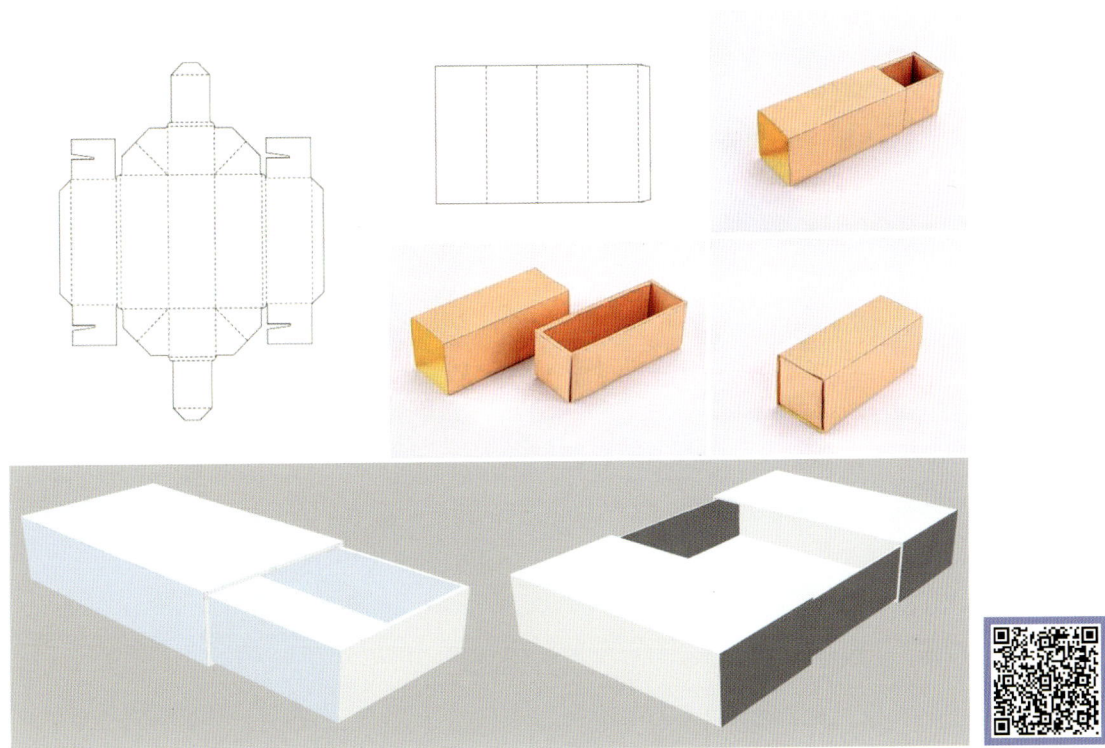

图 4-8　抽拉式盒型结构图解

（6）开窗式盒型。

　　开窗式就是开孔，让产品直观地展示。开窗式盒材料有塑胶盒材、纸材；适合食品、药品、土特产、果品类、保健品、茶叶类和酒类的包装。（见图 4-9）

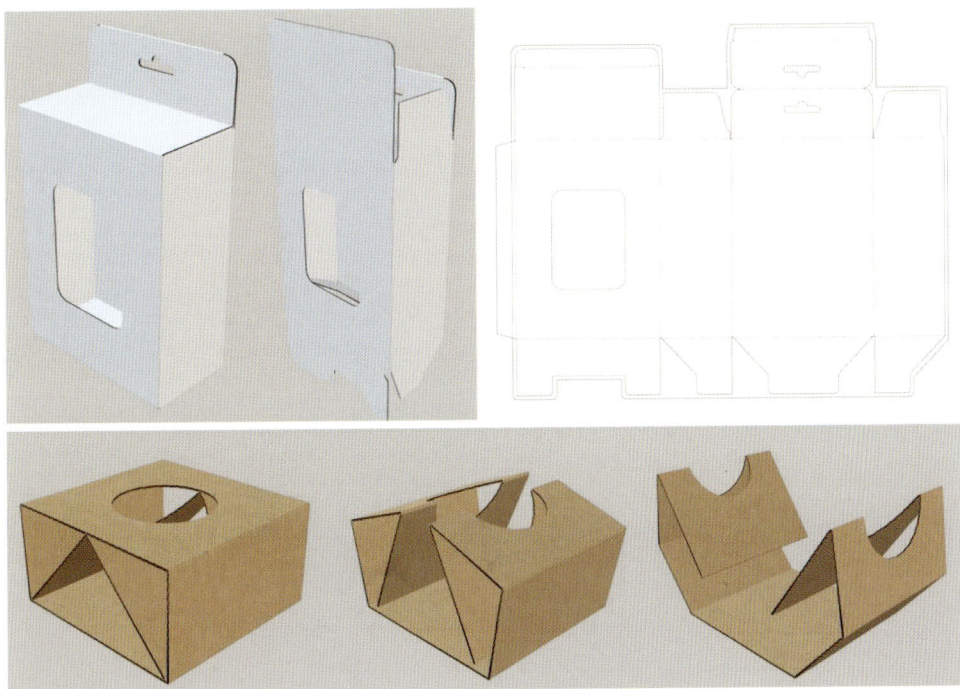

图 4-9　开窗式盒型结构图解

（7）异形盒型。

异形盒型是一种形式感很强的盒型,有三角形盒型、多面异形盒型,比普通盒型可发挥的空间更大。(见图 4-10 至图 4-13)

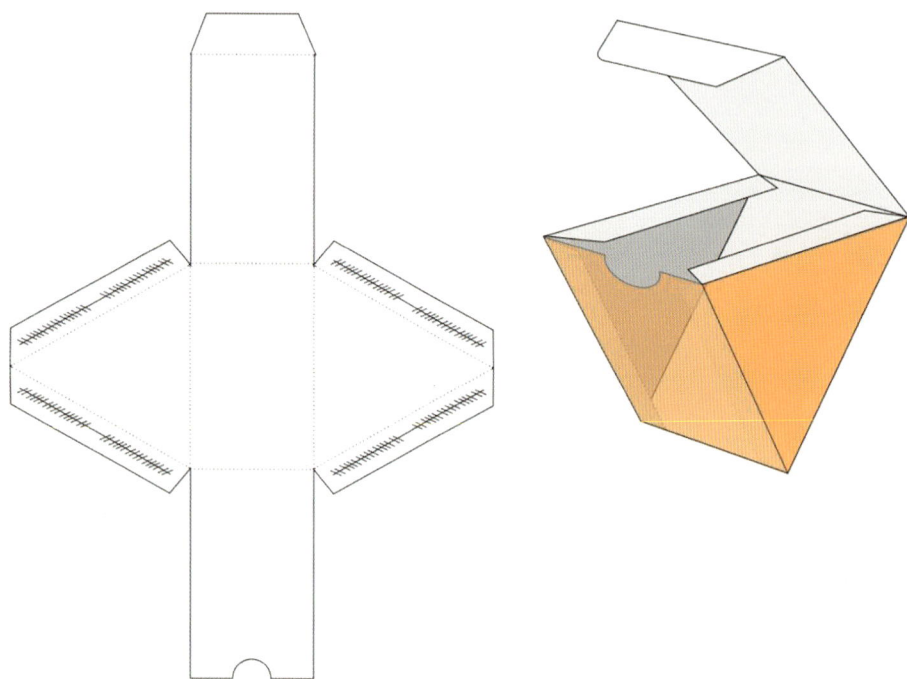

图 4-10　三角形盒型结构图解

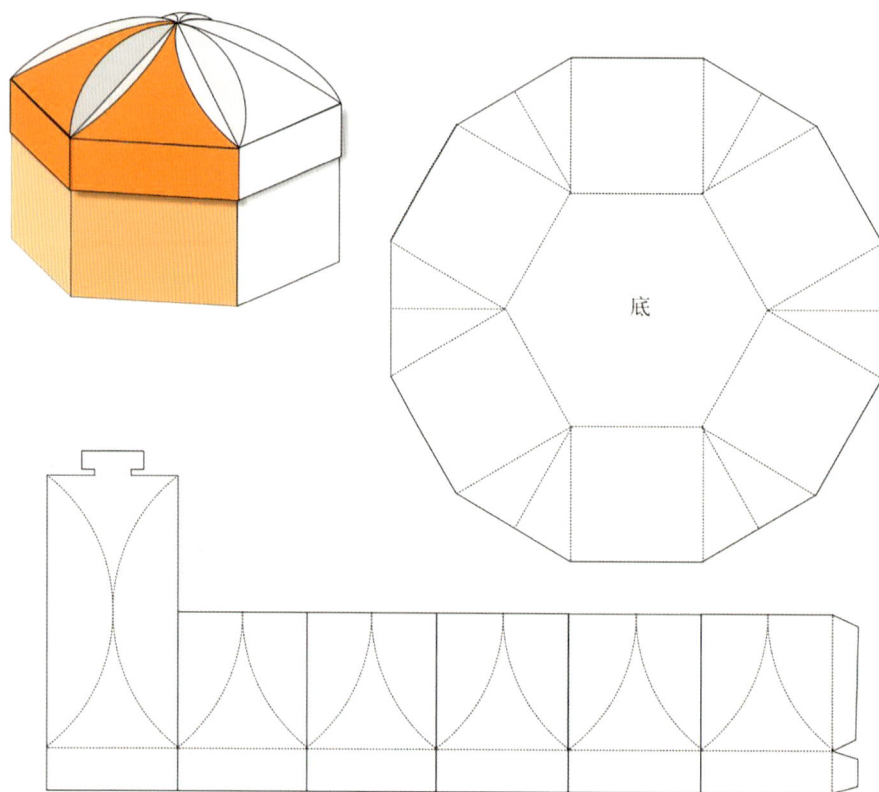

图 4-11　多面异形盒型结构图解(一)

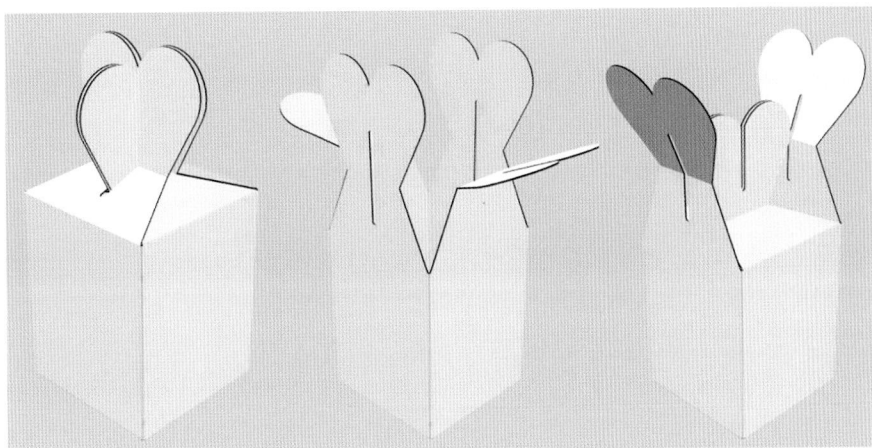

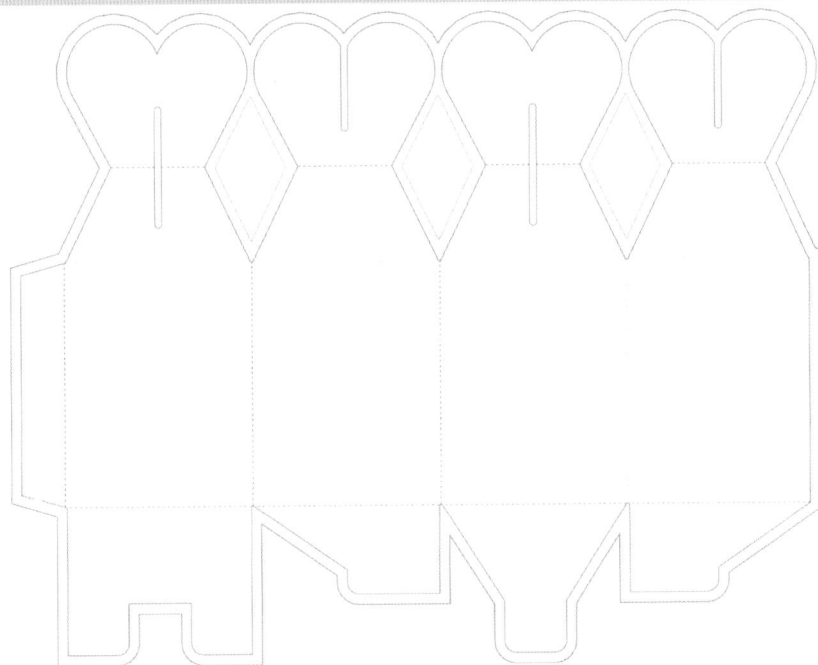

图 4-12　多面异形盒型结构图解(二)

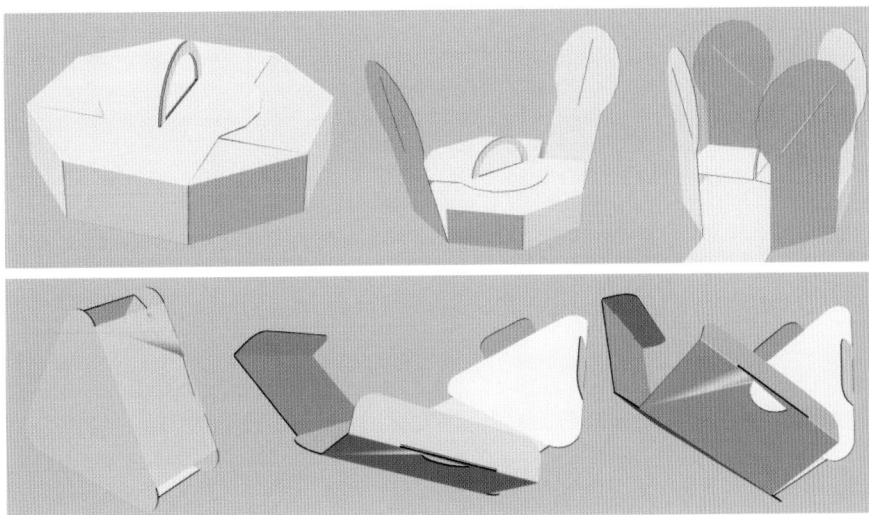

图 4-13　多面异形盒型结构图解(三)

(8)陈列盒型。

陈列盒有保护与展示商品的特色,易于店内展陈与存储,并且可以随着季节发布新的信息活动,陈列简便灵活。(见图4-14和图4-15)

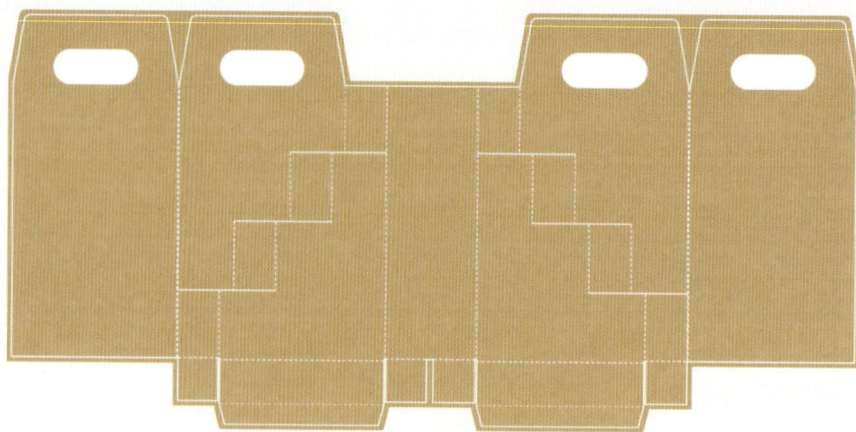

图4-14　陈列盒型结构图解(一)

图4-15　陈列盒型结构图解(二)

2. 包装的基本结构与工艺解析——原生态包装

自然界中的竹、木、藤、草、麻都是可延展的原生态包装材料，而且其造型结构独特，可应用于产品的包装形式也非常丰富。（见图4-16和图4-17）

图 4-16　竹、木、藤、草包装结构与工艺图解

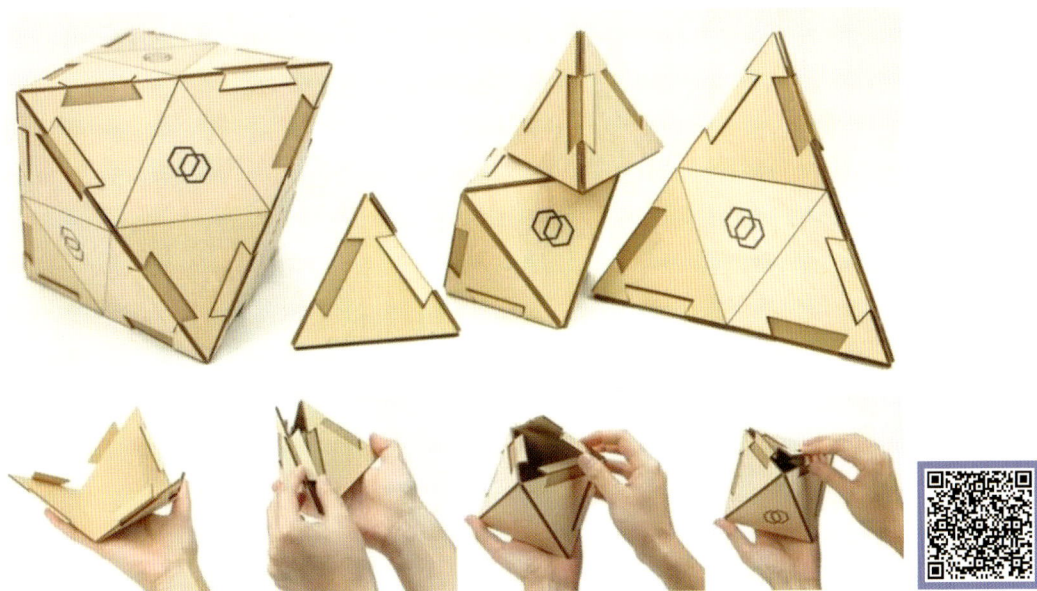

图 4-17　模块化板材包装结构与工艺图解

3. 包装的基本结构工艺解析——塑料包装

胡雨霞团队设计的塑料包装——乐源果汁饮料瓶如图 4-18 所示。

方案:螺纹歪嘴

　　全身螺纹是此款饮料瓶设计的重点,螺纹在起到加固瓶身、方便拿捏作用的同时,也给人带来不一样的视觉体验。在瓶身赋予全彩色外包,加上人性化的 45° 瓶口设计,给人以灵动可爱的印象。

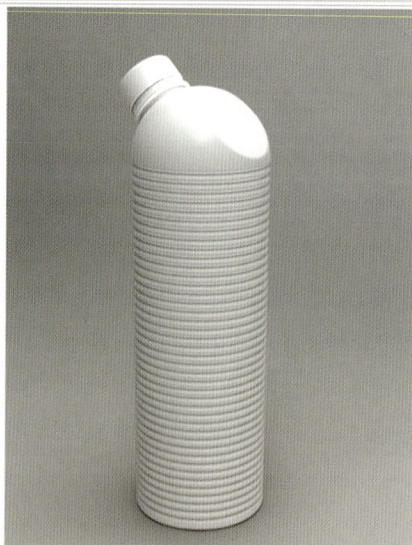

图 4-18　塑料包装结构与工艺图解

4. 容器包装基本结构与工艺解析——玻璃包装

玻璃包装结构与工艺如图 4-19 所示。

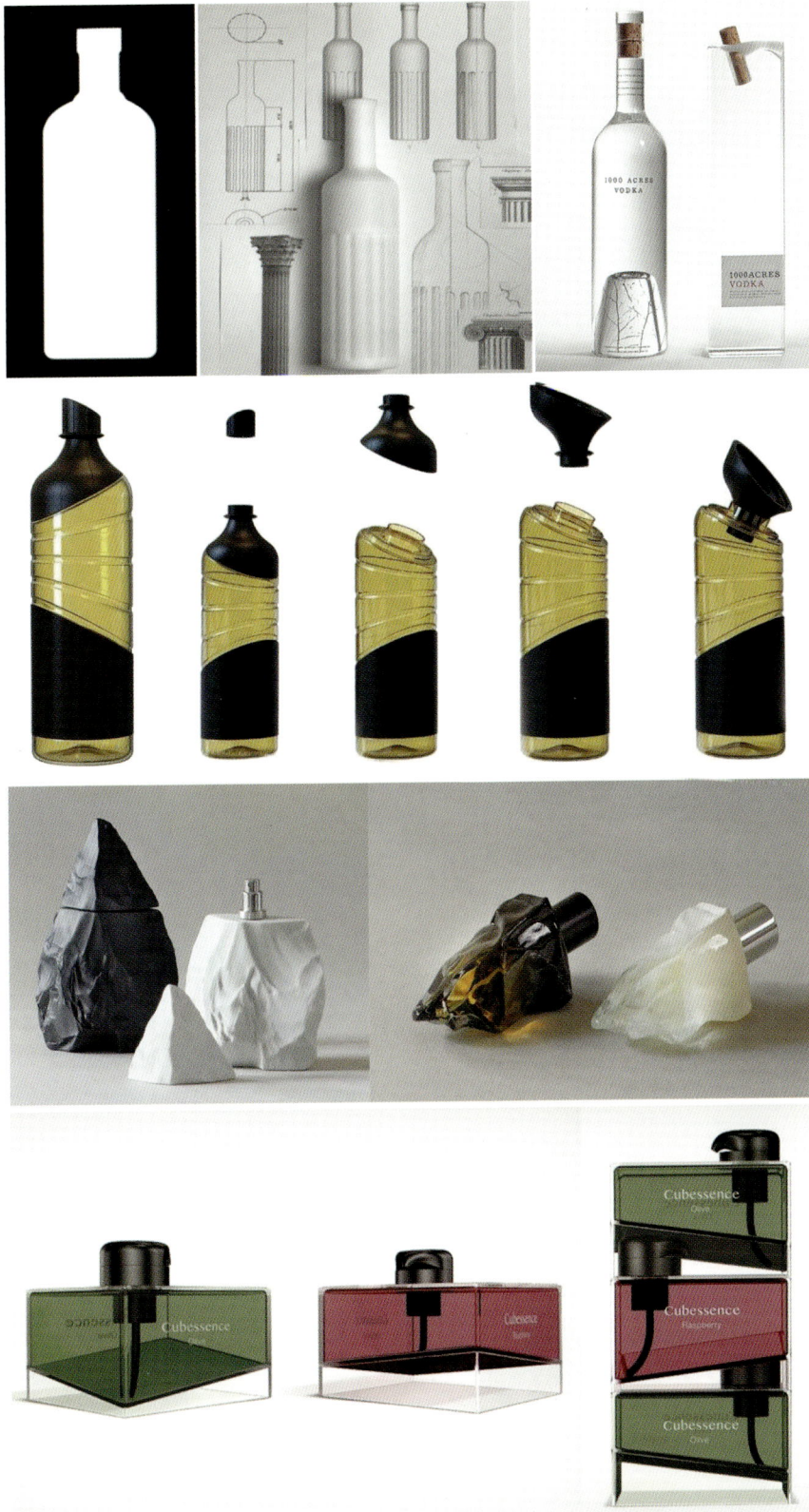

图 4-19　玻璃包装结构与工艺图解

二、纸盒的模切版设计

尺寸设计计算：产品的容量、体积及运输空间综合的计算。

内尺寸——包装容积尺寸，是计算包装内容积大小的重要依据。

外尺寸——包装体积尺寸，是计算包装外体积大小的重要依据。

制造尺寸——包装生产成型尺寸，是计算包装结构模切版的重要依据。

纸盒类包装的尺寸标注解析如图 4-20 所示。

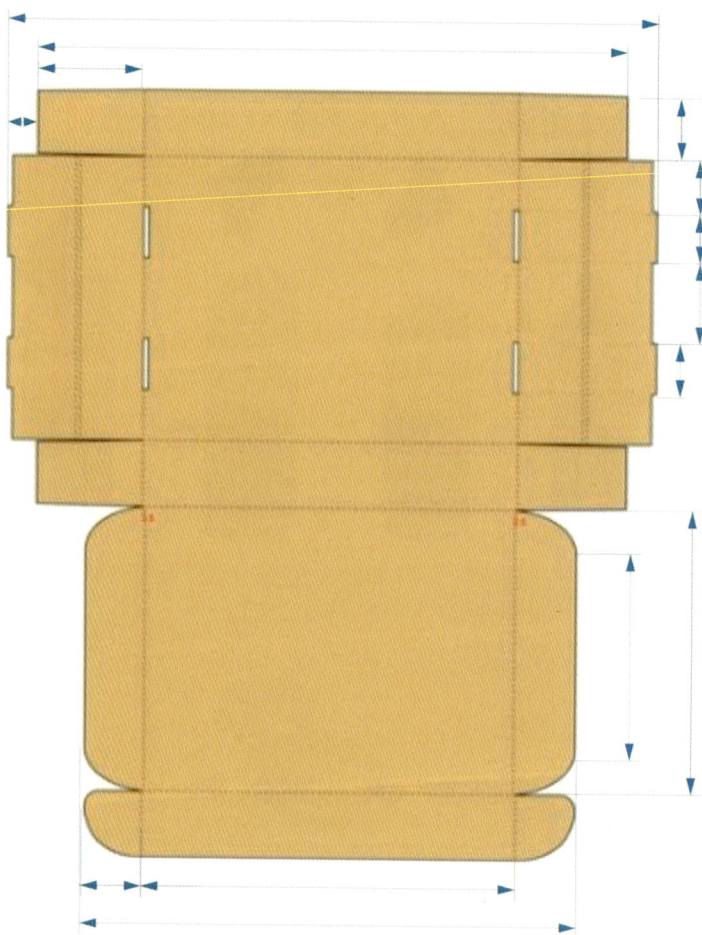

图 4-20 纸盒类包装的尺寸（单位：mm）标注解析

第二节 包装的结构设计应用

1. 开窗式结构设计应用

开窗即透出所包装的商品，使产品直观地展示在我们面前，方便顾客进行商品特性的认知，增加商品的直观可信度。

在形式表达上,商品与包装设计能形成良好的契合,更能增加商品的视觉美效应,形成商品与包装设计的冲击力。(见图 4-21)

图 4-21　开窗式结构设计应用

2. 折叠、卡接设计应用

折叠、卡接设计有结构保护特性、结构造型美观与使用特性,且造型语言丰富,表达手段多样,在使用与收纳上开合自如,形成良好的消费体验并给顾客留下深刻印象。(见图 4-22)

图 4-22　折叠、卡接设计应用

3. 天地盖盒型设计应用

　　天地盖盒是礼品盒中应用较多的一种形式,适合作为精品礼盒,如服饰、首饰或食品礼盒等,可提升产品形象。(见图 4-23)

图 4-23　天地盖盒型设计应用

4. 书形盒结构设计应用

　　书形盒的包装样式像书本，有单翻盖和双翻盖，由面板和底盒组成，开合可用磁铁材料及丝线，多用于礼品包装。（见图 4-24）

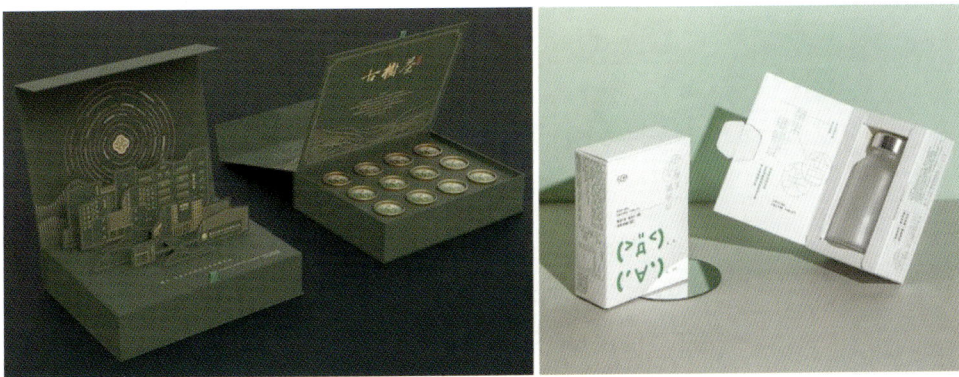

图 4-24　书形盒设计应用

5. 手提式盒型设计应用

　　手提的造型形式非常丰富，拆装便利，是礼盒类较常用的盒型，最大特点是方便携带，常用于伴手礼的产

品包装中。(见图 4-25)

图 4-25　手提式盒型设计应用

6. 抽屉式盒型设计应用

抽屉式盒分内盒和袖套两部分,以抽取方式开合,具有开启的仪式感,与天地盒同为质感较佳的包装方

式,适用于绝大部分品类的产品。(见图 4-26)

图 4-26　抽屉式盒型设计应用

7. 卡合式盒型设计应用

卡合式盒型是常见的盒型之一,有上下插耳,上部与底部可对开,也可开同一边;方便包装、制作难度低、成本低、用途广泛,适合重量较轻的商品。(见图 4-27)

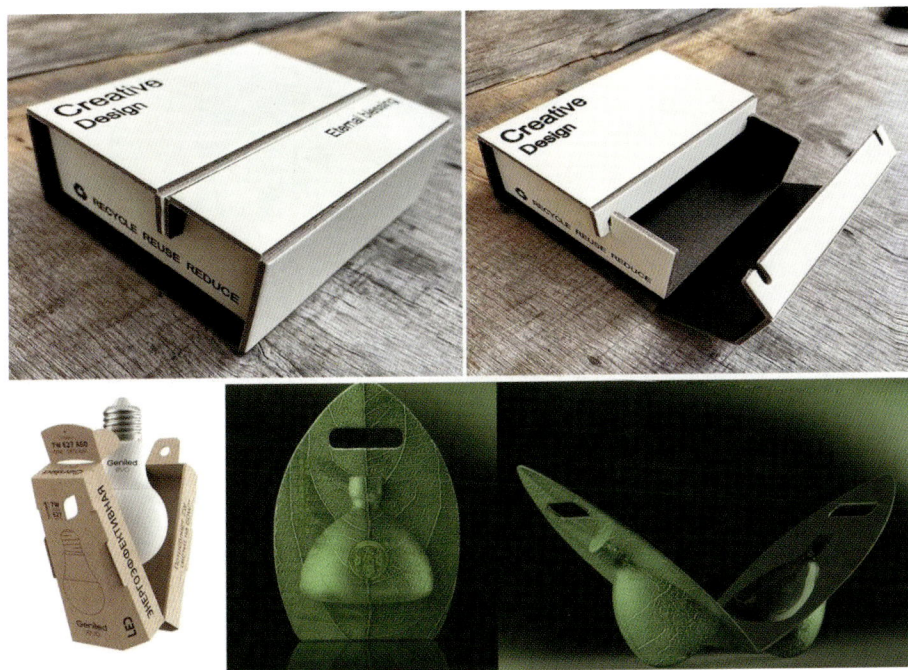

图 4-27　卡合式盒型设计应用

8. 开合式组合设计应用

开合式组合包装有很强的体验感与仪式感,有左右开合、伸拉开合、旋转开合等,可单体组合和整体开

合。（见图 4-28）

图 4-28　开合式组合盒型设计应用

9. 拼接式组合设计应用

拼接式组合有瓶型结构式拼接组合、功效型拼接组合,在设计应用中除具有良好的视觉展示效果外,突破性的特点还有功效的延续性,即再利用特性。（见图 4-29）

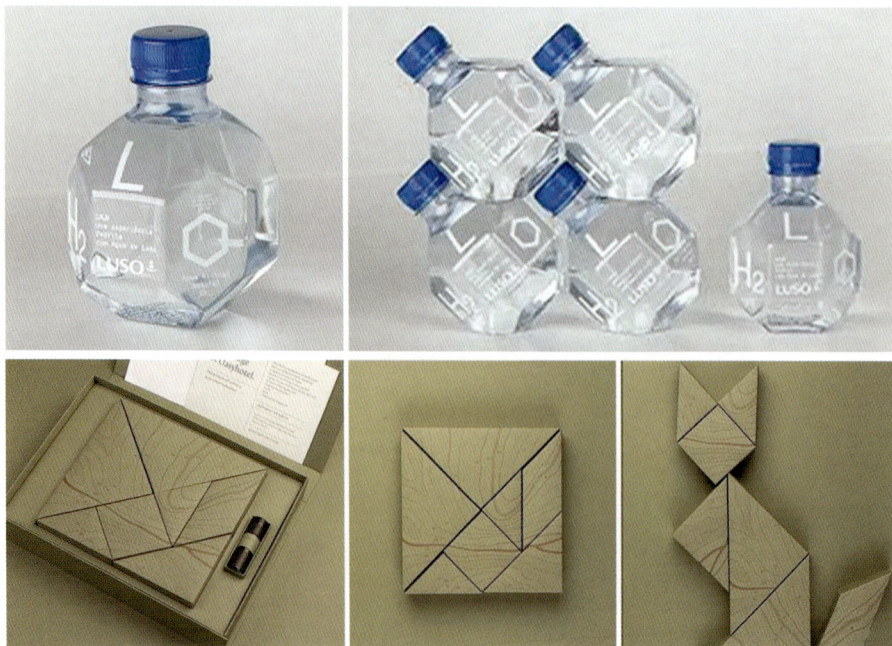

图 4-29　拼接式组合设计应用

本章分为两个部分,让学习者了解包装结构的基本类型与特性,并以日常接触较多的、也能较好地成型的纸材进行包装盒型结构设计解析,完成盒型结构设计到制作的全过程,为后期进行平面视觉设计应用提供有目标性的盒型空间。

【思政目标】

了解包装结构设计构造中的材料特性,并通过设计理解材料的环保特性、再利用特性及简约设计特性,体现设计服务的真正意义。

【重点】

通过有选择性的训练,学习者能对根据食品的特色及要求进行的包装结构设计有较明确清晰的认识,并结合每一过程的试验了解和掌握结构设计的要点及要求(如物品特性对材料的要求、成型工艺对材料的要求及使用过程对结构的要求),完成从设计到制作的全过程。

【难点】

对所选对象(物品)类型的包装及包装结构的设计与验证,达到商品进入市场能促进和提升价值的认知与可应用的作用。

【作业】

食品类包装结构设计与实物制作。

【要求】

(1)以纸为材料,通过切割、折叠、插接、黏合等手段设计一款仿生或异形结构的食品类包装;

(2)可选择原有的包装结构式样进行改进性(改良性)设计,制作完成一款包装盒;

(3)绘制包装结构平面展开图(标注尺寸)、包装结构透视图,制作包装结构成型实物;

(4)写包装结构设计与制作过程感悟(500字);

(5)选材合理、制作精良、结构严谨、比例尺度标注清晰。

【提示】

条件:在成型机械设备上完成盒型模切打样。

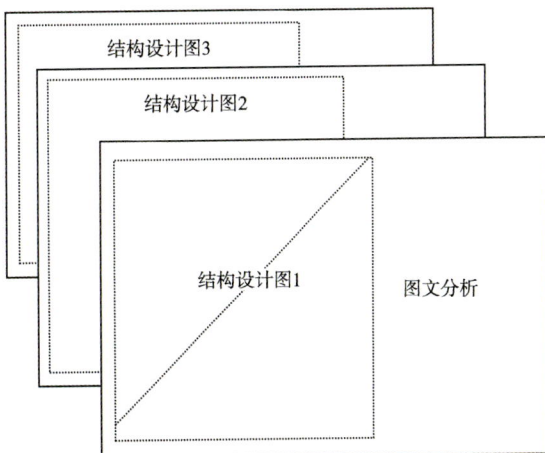

第五章

包装的印刷
及工艺流程解析

"包装设计"的课程教学要求:让学生从前期的设计创作中更深一步地了解和掌握设计成型转化的过程,结合包装成型的基本过程要求,以校内、校外的试验平台条件,完成全流程的设计到成品制作。一个纸质的包装盒从印刷到成品需20道以上的工序和制作的工整度,每一个环节都需认真了解,在设计应用中才会有更好的发挥。

第一节　包装的印刷与制作流程

包装的印刷与制作工艺流程如图5-1所示。

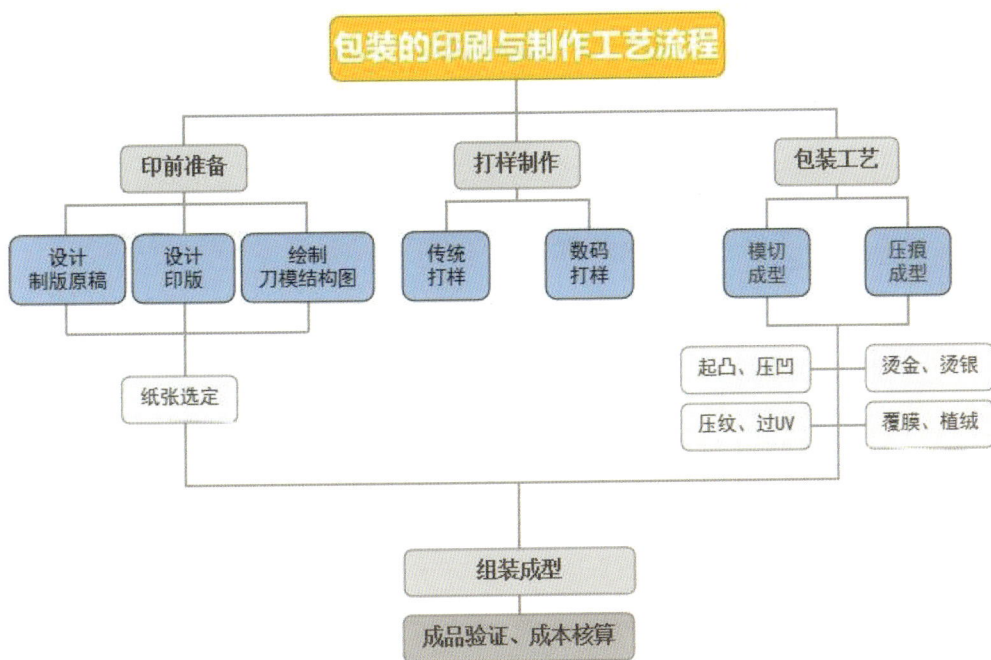

图 5-1　包装的印刷与制作工艺流程图

第二节　包装与印刷

包装印刷是以各种包装材料为载体的印刷,包括包装纸箱、包装瓶、包装罐等的印刷方式,有凸版印刷、平版印刷、凹版印刷、丝网印刷等印刷方法。

四色印刷:通过青(C)、品红(M)、黄(Y)及黑(K)这四种油墨叠印而成,使用C、M、Y、K基色油墨。CMYK色卡及四色胶印机如图5-2所示。

图 5-2　CMYK 色卡及四色胶印机

专色印刷：采用黄、品红、青和黑四色以外颜色的油墨来复制原稿颜色的印刷工艺，因其色彩准确、不透明、表现色域宽而在包装印刷中经常采用专色印刷工艺印刷大面积底色，它比四色混合出的颜色更饱和、更鲜亮(专色颜色很多，可参考潘通(PANTONE)色卡；另特殊专色有专金、专银)。潘通色卡如图 5-3 所示。

图 5-3　潘通色卡

凹凸版印刷：现凹凸版印刷已不受任何材料限制，凹凸版印刷机可以在木板、玻璃、水晶、金属板、地板砖、陶瓷、光盘、亚克力、有机玻璃、KT 板、皮革、硅胶、塑胶、PP、PE、PVC、布料、不干胶、石材等表面进行彩色照片级印刷；不局限于使用专用纸张和专用规格的传统打印方式，可以使用非常薄或非常厚的物件(其厚度可达到 200 mm)。凹凸版印刷机及其印刷产品如图 5-4 所示。

图 5-4　凹凸版印刷机及其印刷产品

平版印刷：目前商业印刷中最普遍的印刷技术之一，利用水、油互不相溶的原理，通过印版与橡皮滚筒的作用将图文转印到承印物上。现有办公用的微型胶印机及大型、多色、高速的书报杂志胶印轮转机属于平版印刷机，平版印刷多用于产品包装纸的印刷。平版印刷机及其印刷产品如图 5-5 所示。

图 5-5　平版印刷机及其印刷产品

柔版印刷：使用柔性印版，通过网纹辊传递油墨的一种印刷方式，融合铅印、平印、凹印三种印刷工艺的特点，其印刷颜色饱和度高，承印材料范围也较广泛（如纸张、塑料薄膜、铝箔、不干胶纸等），可一次性地进行双面印刷及模切、上光（覆膜）、烫金处理。柔版印刷机及其印刷产品如图5-6所示。

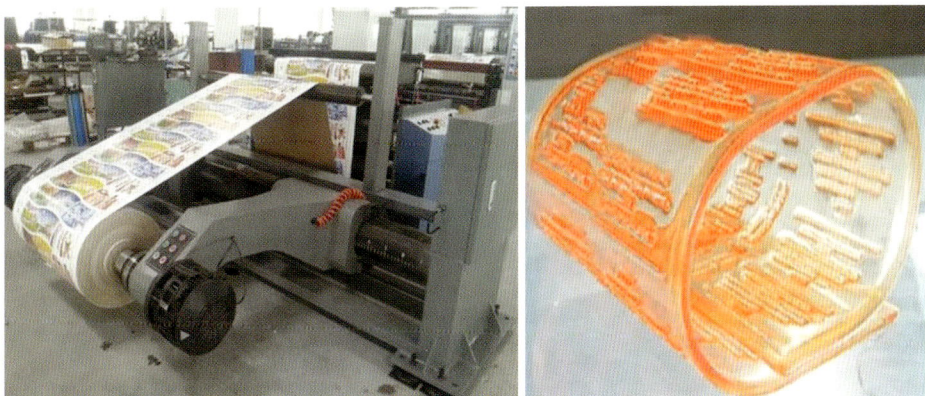

图 5-6　柔版印刷机及其印刷产品

孔版印刷：印版上的网点是孔眼，能透油墨，孔版印刷中较常见的是丝网印刷，它几乎可以印刷所有材料（如各种纸张、玻璃、木板、金属、陶瓷、塑料、布匹）以及任何形状的表面（平面、圆柱面、球面、不规则的表面等）；它的墨层很厚，很适合某些需要厚度才能出现效果的特种油墨（如弹性油墨、发泡油墨、皱纹油墨、冰花油墨、水晶油墨、立体光栅油墨等），另外它的印刷面积不受限，缺点是印刷精度不够高，速度慢。孔版印刷有过胶、过UV、烫金、喷码、电镀、移印、水转印、腐蚀、镭射、镭雕、烤漆等工艺。丝网印刷机及其印刷产品如图5-7所示。

图 5-7　丝网印刷机及其印刷产品

第三节　教学中常用的包装材料选择

以纸张为主进行试验的材料类型如下。

单粉纸：一面光、一面亚光（光面为印刷面），可实现各种颜色的印刷，常用于纸盒包装，纸张重量一般在80～400 g之间，表面处理工艺有过胶、过UV、烫印、击凸。

坑纸：常用的有单坑、双坑、三坑，相对于普通纸张更直挺，承重能力更强，可实现各种颜色的印刷，但效果不如单粉纸，表面处理工艺有过胶、过UV、烫印、击凸。

纸板：常用于礼盒结构制作，纸板厚度有各种等级，根据承重需要选择，一般都有单粉纸或者特种纸装裱外层。

特种纸：种类繁多，包装材料可选用的有压纹纸、花纹纸、珠光花纹纸、金属花纹纸、金纸等。

金银卡纸：可利用UV转印图形、文字等信息，比普通纸张更有质感，并有不同种类的光泽。

第四节　包装印刷文件要求

包装印刷文件要求如下。

版式：结合产品对所选择的纸张进行调整，定位规格线（包装盒及硬质盒至少需要0.5 cm出血，包装的尺寸越大，出血就要越大）。

转曲：印刷前对文字进行转曲处理（另保留好原始文件，确保后期的修改）。

选材：对材料的大小、厚薄及特性的适合度进行选定。

下料：计算好材料的大小及折切的规格尺寸。

打样：传统印刷需要分色出菲林，印刷色要求的C、M、Y、K；数码印刷是以电子文件的形式，通过网络传递给数码设备，实现直接印刷的，不受数量的限制，无需制版，免去了烦琐的工艺流程，可即时纠错调整，快捷方便。

传统与现代包装印刷流程如图5-8所示。

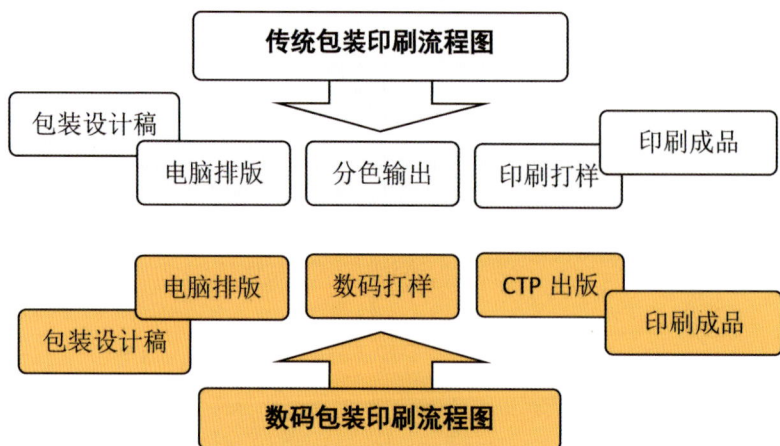

图5-8　传统与现代包装印刷流程图

第五节　包装的其他成型工艺解析

包装的其他成型工艺解析如图5-9所示。

	模切。 模切是印刷必经的过程，简单来说，就是把印刷品切割成想要的形状或图案。原理是利用钢刀、钢线排成模板，在压力的作用下将整张纸材按设计的结构刀版或图形刀版要求轧切成所需的形状。
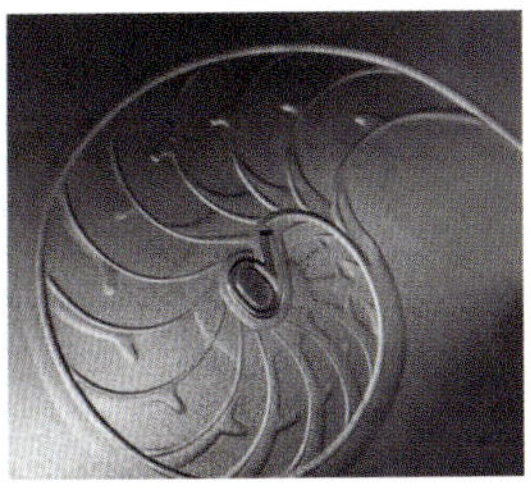	凹凸压痕。 凹凸压痕是利用钢刀、钢线排成模板，通过压力，压印在纸材、塑料及金属等包装材料上形成的有立体凹凸感的压痕。
	覆膜。 覆膜是将塑料薄膜覆盖于印刷品表面，并采用黏合剂经加热、加压后使之黏合在一起，形成纸塑合一的效果。选用的薄膜有水晶膜、光膜和亚光膜。
	烫金烫银。 烫金烫银是利用热压转移的原理，将电化铝的铝层转印到承印物表面，形成特殊的金属效果。另还有冷转印。
	镭射压痕。 镭射压痕是在印刷品表面喷涂或印上一层无光透明的涂料，经流平、干燥、压光、固化后在印刷品表面形成一种薄而均匀的光亮层。
	局部UV。 局部UV是一种丝印工艺，紫外线照射固化油墨，能在印刷品表面呈现多种炫彩的艺术效果。

图5-9　包装的其他成型工艺

包装的成型工艺除图5-9中所示的外，还有组装和验证等。

组装:印刷与开模后,完成成型组装。

验证:包括精度强度分析、效率成本分析、收获成效分析等。

本章小结

本章主要讲述包装的成型工艺,要对纸材(印刷、材料特性、工艺)进行了解与把握,同时要知道先进的数字化印刷技术起到了良好的展现设计的作用。这里简述了传统的印刷工艺的基本程序,也结合现代数字印刷工艺,以纸为媒介进行了较为详细的材料、工艺及应用特性解析,目的是使学习者能很好地将设计进行应用来感知包装设计的应用特性,为今后进入专业设计公司更好地进行其他材料工艺应用打下基础。

【重点】

精美的包装是与设计到制作的各个环节分不开的,要想呈现由创意构想到实际落地的完整设计方案,包装成型中的印刷工艺、材料选择、结构工艺、比例尺度是完善整个设计方案的重要因素,所以全方位地了解包装设计的各阶段的步骤及要求,才能真正达成好的包装设计。

【难点】

懂设计还要懂工艺,掌握从设计到打样完整成品的全过程。

【课程训练作业】

结合实地调研绘制包装数字印刷流程图,图表表述清晰、完整。

阐述在后期的设计中你会应用哪些成型技术来体现你的设计。

【提示】

印刷排版软件:PageMaker、InDesign。

第六章
包装视觉形象设计
流程解析

有效的产品包装设计除包含对商品保护的包装结构、材质功效外，包装中的图形、色彩、文字是传达产品信息的重要的视觉形象因素，起到从视觉到心理引导消费的作用，所以包装的视觉形象设计是提升产品认知度、增加产品附加值的不可或缺的手段。下面结合包装设计的各种类型进行视觉形象表达典型案例解析。

第一节 包装设计的基本流程

包装设计的基本流程架构图如图 6-1 所示。

目标、选题
有针对性地设计目标（企业委托类、自己寻找目标假想类）。

调研、沟通
（1）目标对象信息搜集（品名、品牌、重量、体积、包装形式、材料、尺寸及相关的文字信息等）。
（2）需求目标确定与分析（了解市场需求，分析市场容量、趋势及竞争优势）。

策略、定位
（1）明确目标（结合销售市场及产品调研，明确改进、升级及创新的方向）。
（2）方针策略（结合资讯分析，提出有建设性的策略，制订进入市场的方案建议书）。
（3）设计对接（被设计方是甲方，设计方是乙方）。

设计、表达
（1）确定设计风格（图形、文字、色彩、版式设计等）。
（2）拟订包装形式（盒型结构形式、材料工艺特性及使用方式）。
（3）完成创意表达（从构思创意草图到设计渲染效果图到结构展开图全过程）。

定稿、汇报
（1）设计提案（从调研分析、目标策划到构思表达、验证试验的全过程汇报PPT）。
（2）反馈与修改（设计方汇报后各部门提出自己的想法与建议，合理地进行修改）。

校对、核算
（1）输出文件（对相关的文字信息进行审核，校色、校样及结构工艺成型制作检测）。
（2）成本核算（材料、工艺成本）。

打样、落地
（1）打样确定最后的效果（色彩效果、结构成型效果等）。
（2）批量生产。

图 6-1 包装设计的基本流程架构图

第二节　包装的视觉形象设计流程

一个优秀的包装设计师,应该懂得包装从设计到销售的整个流程,这样有助于包装从创意到消费者手中整个环节的流畅性。

1. 确定产品造型、盒型

一般情况下,包装所需要用到的盒型或瓶型都是由甲方提供的,所以产品的结构、包装盒型是我们首先需要确认的内容。包装设计是一个由三维转到二维的设计逻辑,我们需要在立体结构层面先确认好执行方向,其中会受到生产工艺、技术、预算成本、渠道等因素影响。

2. 设计包装平面效果图

效果图是我们在跟客户确认方案时非常重要的表达和呈现方式,一些基础的结构盒型可以通过样机进行沟通,确定好包装的形状,根据产品测量好内外包装的尺寸后就可以进行平面上的构思与创意设计。构思创意时,最好结合实际落地的包装材料成本、工艺实现难度、印刷颜色偏差等生产环节要素。

3. 打样制作

为了确保批量生产环节不出现问题,大部分甲方都会让乙方提前打样先看一下设计效果,这个阶段会确认结构是否正确、材质使用和设计效果是否符合预期,如果有问题,需要及时沟通调整。需要注意的是,打样的包装常常会有颜色方面的问题,因为样品大多是数码打样,颜色和大货的油墨印刷有差别是正常的。

4. 校对、检查

校对、检查阶段也需要和甲方一起去纠错,特别要注意文字信息内容,一旦上机印刷才发现的话,那就会浪费很多的时间和金钱成本。所以在这个环节一定要耐心仔细地去校验,设计、文案、颜色、条形码、二维码等方面均不能遗漏。

5. 批量生产

上述环节均没问题后,就会进入正式印刷。很重要的一个环节就是校色,如果条件允许,设计师最好一同前往现场校验,避免成品效果和预想的差别较大。和调色师傅保持沟通非常重要,要确保最终效果符合预期。

6. 包装其他加工

包装其他加工是为了进一步改善包装外观所做的升级操作。随着当代人审美要求不断提高,越来越多的包装整饰、装饰工艺逐渐成熟起来,常见的包装工艺有烫印、过 UV、凹印、覆膜等,经过这些工序后,包装会变得更有层次,效果会更加丰富。

7. 成型制作

折盒成型是包装制作最后的工序。印刷模切完成后,将包装发往原料加工厂进行最终成品组装,根据其结构、数量,综合考虑成本来选择手工或机器操作。所以,一个包装最终能否顺利落地,需要考虑多方面的因素。

第三节　包装设计的视觉形象要素解析

　　图形、文字、色彩是包装设计主要的视觉形象要素,在设计应用中有以图形为主的设计、以文字为主的设计、以色彩为主的设计,但无论何种应用方法,设计中强调的是用设计引导消费、提升卖点、增强品牌传播特性、扩大商品的销售,所以,如何设计出具有独特性、新颖性、有品位的包装是要从多方面去调研、分析、理解的,在完成设计的全过程中不断探索。(见图6-2)

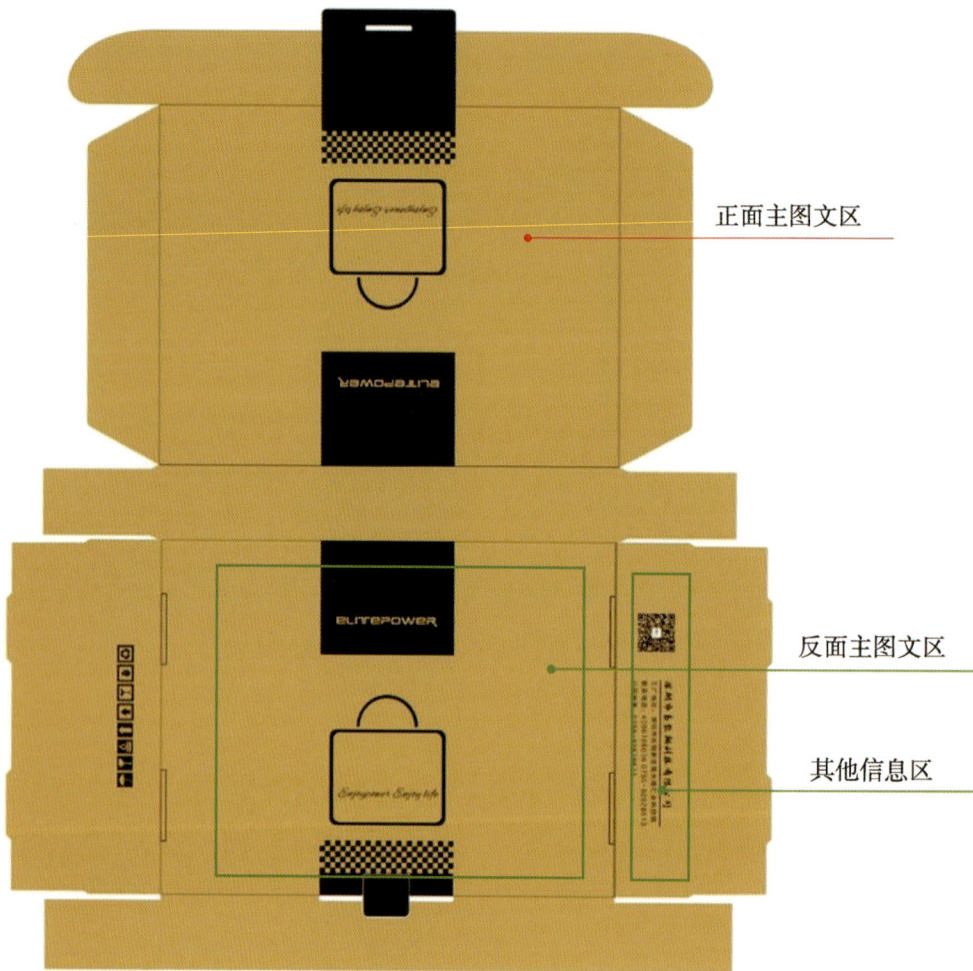

正面主图文区

反面主图文区

其他信息区

图6-2　包装设计中的视觉要素图解

以图形为元素的表现形式非常丰富,并且不同的图形表现形式能产生不一样的视觉效果和视觉感染力。图形在包装设计中主要有以下表现形式。

　　(1)具象写实图形:主要通过摄影等获取清晰、美观、真实的图像素材。(见图6-3)

　　(2)抽象概括图形:通过归纳变化及简化的形式进行概括处理,形成清晰、简洁、美观的图形,有几何图形、卡通图形、漫画图形、插画、装饰画、版画等图形形式。(见图6-4至图6-9)

　　图形有着极强的商品审美引导性及与产品相互呼应的联想性,赏心悦目的图形设计能唤起购买者对商品情感的共鸣。

图 6-3　包装设计中的具象写实图形应用

图 6-4　包装设计中的抽象几何图形应用

图 6-5　包装设计中的装饰图形应用

图 6-6　包装设计中的绘画图形应用

图 6-7　包装设计中的插画、版画应用

图 6-8　包装设计中的漫画应用

图 6-9 包装设计中的抽象错视图形应用

第四节 包装设计的文字及 logo 视觉特性

在包装设计中,文字主要分为主体文字、广告文字和说明文字三个部分,分别传达商品的不同信息。主体文字即商品品名,是商品的主要信息文字;广告文字是对商品品牌、品质及企业文化凝练,用于宣传的特殊引导口号;说明文字包括产品用途、用法、生产日期、保质期、注意事项等,是商品的品质内容文字。文字的视觉形象表达如图 6-10 和图 6-11 所示。

1. 文字设计与应用要求

易识、易读性:无论何种文字在设计上都需清晰、准确传递商品的各类信息。主体文字需突出醒目,具有视觉冲击力;说明文字需清晰、准确地表达商品内容信息;广告文字需朗朗上口,形成关注特性,全方位加深购买认可印象。

协调统一性:文与图既独立又相互呼应,包装设计前需对商品的各类要素有清晰、明确的认识,并做出准确的选择后进行设计,无论中英文、变形文字、图形、logo 还是说明类的文字,都需结合商品的特性进行重点与整体的设计。文字有着极强的审美及信息引导性,清晰、准确的文字能增强购买者对商品信息的了解及提高信任度。

2. logo 设计与应用要求

logo 是品牌形象的代表,有图形、文字、色彩的信息特性,好的 logo 简约、易识别、易记忆,它有别于文字,有图形 logo、文字 logo 及图文合一的 logo 表达形式。(见图 6-12)

在包装设计中，logo 除品牌特性的表达外，还能被当作图形使用。

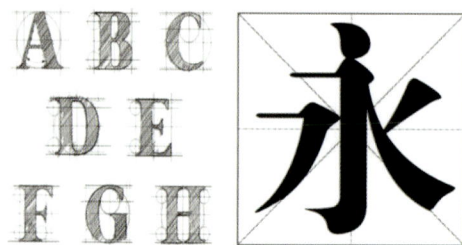

图 6-10　文字的视觉形象表达(一)

书写体、印刷体、变形体、图文组合。

图 6-11　文字的视觉形象表达(二)

福鼎白茶：以晚清知名的茶人梅伯珍为品名，以肖像、人名为品牌 logo，传递几百年故事。

图 6-12　图文结合的视觉形象表达

第五节　包装设计的色彩视觉特性

　　包含装饰的图形、图案，文字，材料质感(如自然材料的草木、竹藤，人为材料的塑料、玻璃、纸材、陶瓷)和纹理质感等，都以色彩的特性而被使用者感知到。(见图6-13至图6-17)

　　色彩的设计与应用如下。

　　(1)用色彩合理巧妙反映商品的特性与个性；

　　(2)用色彩体现与其他同类商品的区别；

　　(3)用色彩体现商品的整体性、独特性及系列性。

　　色彩没有好坏，只有用的是否巧妙、合适，是否能通过色彩体现独特的个性，增强顾客对商品的认知、认可，形成记忆点，促进购买。

图6-13　图形与文字黑白对比的色彩特性图解

图6-14　包装设计的装饰色彩特性图解

图 6-15　包装设计的材质肌理色彩图解

图 6-16　包装设计的产品固有色彩特性应用图解

专色:均匀厚实、标准、稳定的墨色,常用于大面积的底色。

图 6-17　包装专色应用图解

第六节　包装设计的版式构图及表达

包装设计的版式构图方式主要有以下几种。

主体式:将图形、文字(logo)或色彩放在整个视觉最突出的位置,形成视觉中心效果的一种版式设计。(见图 6-18 至图 6-20)

图 6-18　图形主体式设计

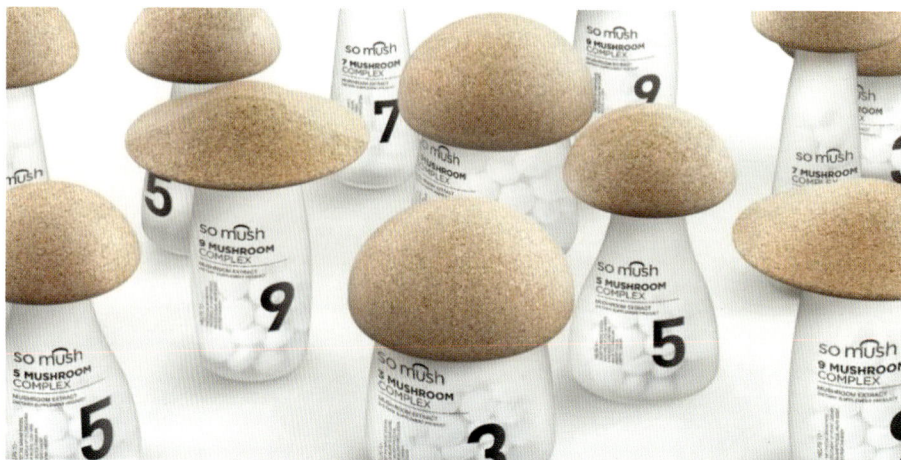

图 6-19 文字(logo)主体式设计

图 6-20 色彩主体式

　　对比式：形式上有简单与繁杂、轻重、虚实等的图形对比；色彩上有色相、明度、纯度及鲜艳与灰暗对比，冷暖对比，饱和与不饱和的色彩对比；在构图比例上有主次对比；在材料的应用上有不同材质的对比等。(见图 6-21 和图 6-22)

图 6-21 色彩的色相对比

图 6-22 色彩冷暖、材质对比

包围式:图形、文字及色彩相互围合的一种表现形式,可图形围合烘托文字,可文字、图形围合烘托 logo,形成视觉焦点。(见图 6-23)

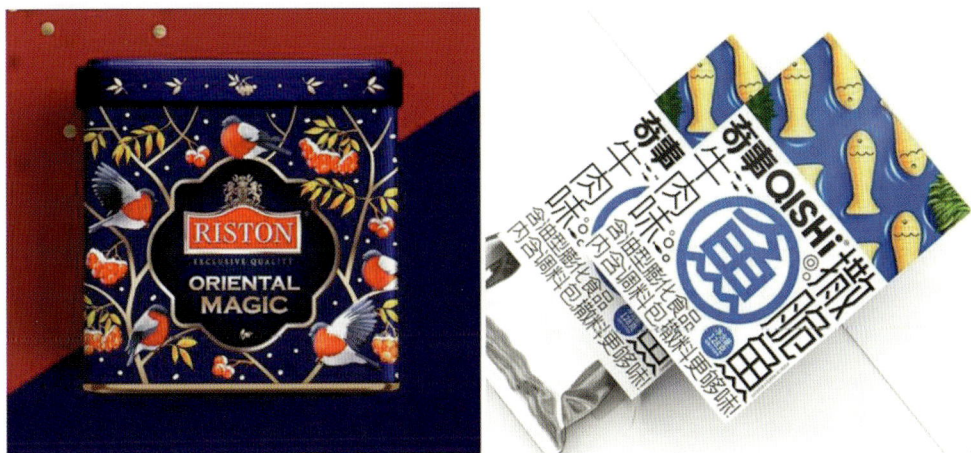

图 6-23 图形、文字包围式

组合式:有很强的延展与组合变化特性,包装可单独成型,也可组合成型,极具商品的引导销售的优势。(见图 6-24)

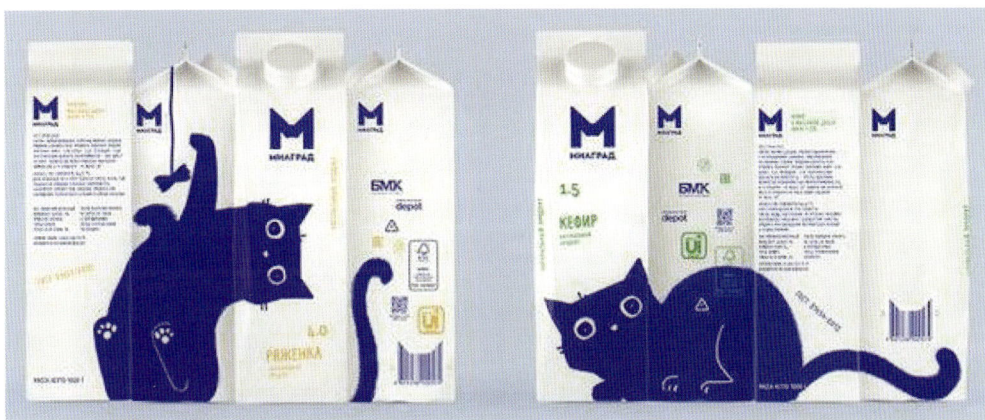

图 6-24 图形组合式

牛奶包装展开可拼一只完整的猫。设计师：Vera Zvereva。

续图 6-24

底图式：有图形底图、文字底图及图文混合底图形式。其表达方式有抽象与具象的二方连续图形、四方连续图形、单独纹样图形及自由组合图形。（见图 6-25 和图 6-26）

图 6-25　图形底图表达

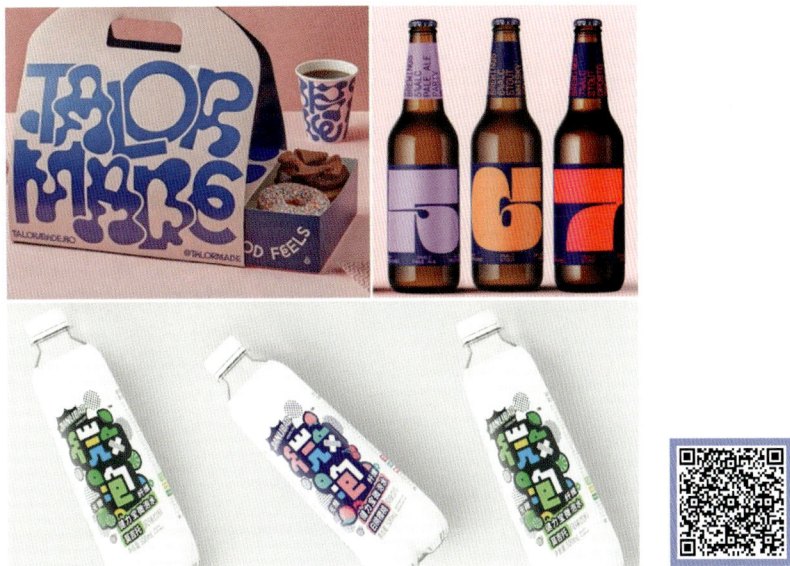

图 6-26　文字底图表达

嵌入式：对包装产品的载体进行的符合功能与使用特性的一种处理形式，有镂空嵌入、象形嵌入、功能嵌入。（见图 6-27 和图 6-28）

结合产品固有特性，以镂空透物的方式，体现嵌入的融合特性。

图 6-27　镂空嵌入

以使用需求进行的嵌入功能特性的设计。

图 6-28　功能嵌入

仿生式：模仿自然界生物系统的功能和行为，来建造技术系统的一种科学方法，在设计中以生物体不同的构造获得灵感而进行的仿生模拟，有形态仿生、功能结构仿生、物理仿生、化学仿生及生态仿生。（见图 6-29 至图 6-31）

以自然界生物的外部形态特性进行的模仿。

图 6-29　形态仿生

结构仿生式包装可减震、减压、拼接、拼插。

图 6-30　结构仿生

模仿生物固有的喷压、挤压、缠绕等特性。

图 6-31　功用仿生

　　概念式：概念设计往往会引起多方的争议，也正是这种从形态、功能、形式、观念等引发的概念更有其引导与引申意义。台湾艺术大学郑毓迪、洪亦辰、郭怡慧三位同学的毕业设计突破包装单一的商品保护概念，以全新的视角探讨包装设计的真正意义与目的，给予我们不一样的感受与体验。（见图 6-32）

　　设计的出发点：

　　(1)关注生活、关注环境、关注变化；

　　(2)思考设计能做点什么；

　　(3)寻找可介入的设计；

　　(4)设计的表达方法。

　　设计回归原点，产生不可预知的效应。

　　设计者说，起初她们想用食物加工的方式传达一个议题，之所以选择"水污染"进行创作，是因为过去宣传水污染的海报都无法让人印象深刻，对于周遭环境也不会有太多改善，于是想用更贴近民生的方式，以抽象到具象的形式制作成大家都熟悉又爱吃的"冰棒"，想吃却不能吃的"水污染"，从形态特性到心理感受形成的强烈反差被社会所关注，引发了更大规模的社会讨论。

　　在"冰棒"的包装设计上，不同的颜色代表水质污染的不同程度。红色和紫色代表重度污染，黄色和橘色代表中度污染，淡蓝色则表示来自状况较好的水体。 包装的正面图案源自对污染物的几何抽象设计，反面有关于污染物成分及程度的信息。

这种突破定式，不只局限于完成毕业设计的设计形式，是否也启发我们对包装设计有新的思考与行动？

图 6-32　概念式包装设计图解

100%纯污水制作的"冰棍"。

续图 6-32

综合式：图形、文字、色彩都突出，都是重点的一种设计形式，但设计中需注意整体的协调统一性。（见图 6-33 和图 6-34）

将图形、文字、色彩的不同特性以色调的平衡形成的统一。

图 6-33　图形、文字、色彩的综合特性（一）

将图形、文字、色彩进行等量的分配，以色彩的明暗形成的和谐统一。

图 6-34　图形、文字、色彩的综合特性(二)

第七节　包装设计的形式美法则

人类在长期创造性的活动中通过不断探索、归纳概括和总结经验形成了可遵循的规律和规范标准，成为设计理论及实践应用的依据。形式美法则也是人类在发现美的过程中对美的形式规律的总结和抽象概括，它包括对称均衡、对比调和、比例尺度、节奏韵律、复杂与简单、变化与统一等。

形式美法则作为可遵循的形式并不是孤立和一成不变的，它们之间相互联系、相互依托，在实际的应用中需全面了解和把握，才能结合创意更好地应用于设计中。

1. 包装设计的对比与调和应用解析

对比与调和指事物可进行界定性的比较的一种形式，有绝对的对比和相对的对比，反映矛盾的两种状态，是对立而又统一的存在。对比是在差异中倾向于对立的"异"，是把性质相反的要素对立并列，如形态对立、色彩对立、质感对立、形状对立，产生强者更强、弱者更弱的现象；调和是在差异中趋向于"同"，以达成秩序化、统一化、平衡协调的目的。(见图 6-35 和图 6-36)

色彩对比——颜色对比，如黑与白、红与绿、橙与蓝、黄与紫；色调对比，如深与浅、明与暗、浓与淡、饱和与不饱和。

形状对比——大小、曲直、长短、钝锐、粗细、凹凸、宽窄、厚薄。

位置对比——远近、高低、上下、左右。

事物对比——季节、天地、阴阳、冷热。

形态对比——疏密、隐现、虚实、轻重、软硬、干湿。

质感对比——粗糙与细腻。

概念对比——更抽象、更概括的一种对比形式。与概念和想法有关，是打破恒常思维增加产品的另类感知的一种表达。如无色彩、无文字的包装，就是与现今包装色彩、图形、种类丰富繁杂的一种异象性对比。

图 6-35　包装设计的色彩对比应用图解

图 6-36　包装设计的空间对比应用图解

2.包装设计的重复与重叠构图应用解析

　　重复——同样的一个单元形进行连续反复,形成有数量、有规律、有秩序的图形;有平行重复、交叉重复、交错－交融重复及特性重复等。重复在包装设计中的应用如图 6-37 所示。

　　重叠——有重复的规律与秩序性,但在重复形成的交叉、交错中有重叠、透叠、重合的特性,如光影形成的透叠、透明物形成的透叠等,有很强的空间感及形式美感。重叠在包装设计中的应用如图 6-38 所示。

图 6-37　包装设计的重复应用图解

会动的海鲜产品包装,由俄罗斯设计公司 LOCO studio 设计师设计。

应用莫尔条纹原理进行的图形设计,形成有动感特性的图形。包装在使用中,通过伸缩打开的方式使图形动起来,产生不一样的视觉与交互体验感。

图 6-38　空间虚拟重叠的体验包装设计应用图解

3. 包装设计的复杂与简单应用解析

复杂——有繁复、繁多之意,在包装设计繁多的视觉信息要素中如何体现设计的独特性,又如何合理地规避复杂的信息,不可能把所有的复杂事情都变简单,真正给人带来不便的并不是复杂,而是让人困惑的产品。

简单——在设计中常提到"少即是多",将复杂的问题简单化、简约化,简单即美观实用、简单即功效明晰。

复杂与简单在包装设计中的应用如图 6-39 所示。

4. 包装设计的矛盾与统一应用解析

矛盾——事物的对立双方,如水与火、黑与白、天与地、东与西、有与无、可能与不可能,它们相互依存、相互作用、相互吸引、相互贯通,其自身是既对立又统一的辩证关系。

统一与变化——矛盾的两个方面,它们既相互排斥又相互依存,统一是造型元素的整体和谐;变化是在整体造型元素中所体现的差异性(空间、形状、线条、色彩、材质等各方面的变化差异)。统一与变化在包装设计中的应用如图 6-40 所示。

在体现包装的造型、功能、图形图案、色彩色调、品牌标识等特性的系列化的包装设计中,这种形式更明确,更能体现品牌延展的个性与共性的完整与统一协调性。

图 6-39　包装设计的复杂与简单

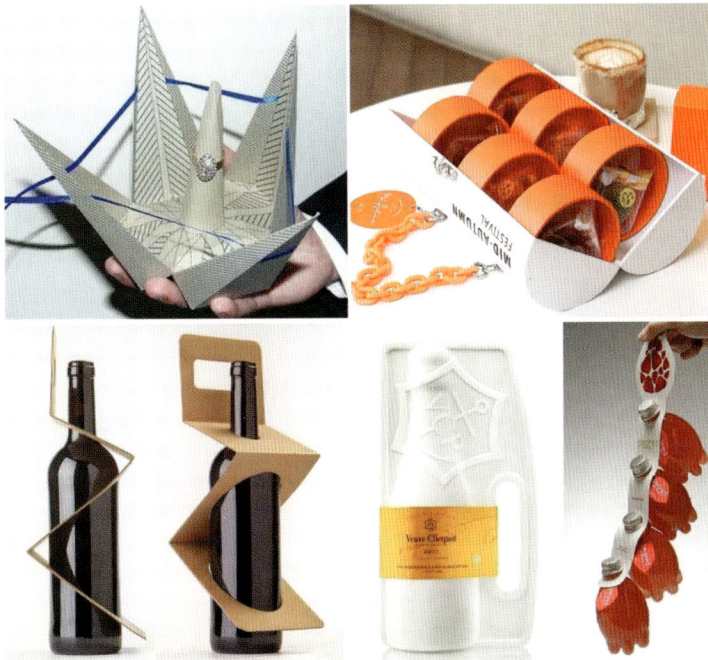

续图 6-39

图 6-40　包装设计的统一与变化

第八节　包装的平面版式设计及制作全过程解析

1. 包装 2D 设计解析

包装 2D 设计即应用包装相关素材进行的平面设计。针对品类特性选择或设计好相应的包装结构(如盒型、瓶型),结合可应用的法则(如形式美法则)及方法进行应用设计。

图文调整:应用 Photoshop、CorelDRAW、Illustrator 等软件,对所选择的图文进行修整处理,为排版做好前期的准备。图文调整的表达形式如图 6-41 所示。

图 6-41　图文调整的表达形式

版式设计草图的表达形式:结合收集的资料及对目标产品的了解,整理好设计对象的 logo、主题文字、图形,在此基础上尽可能多地在草稿纸上将初期的平面版式构想进行概括性表达,并优选出几种草图方案,如图 6-42 所示。

(1)排版思路:突出品牌文字及故事、突出原产地特色(地域文化、原产品图形)、突出品牌标识与 IP 形象、突出独特的结构设计。

(2)排版形式:对称式、包围式、组合式、嵌入式、图或文为主式等。

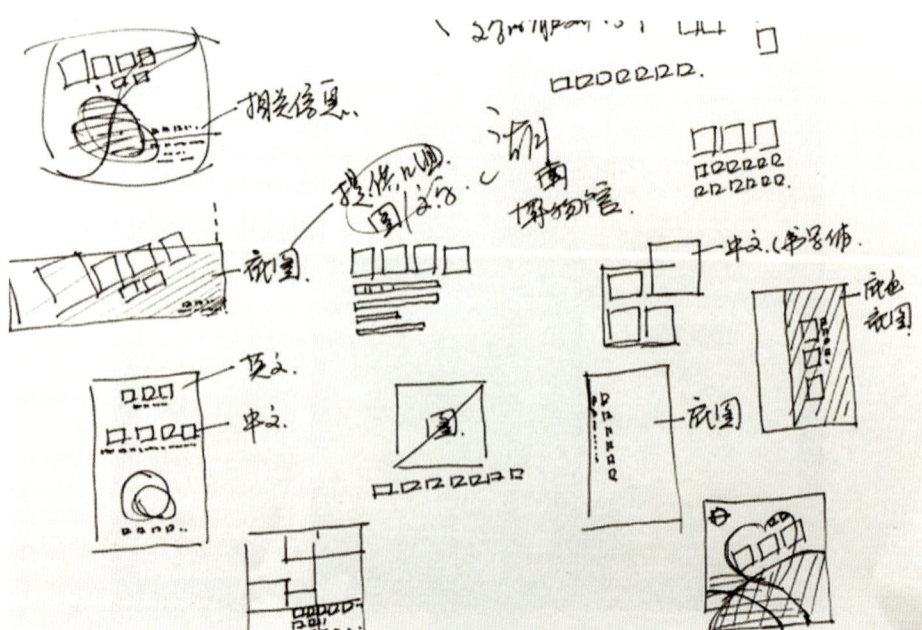

图 6-42　排版草图方案

(3) 2D 排版：结合选定的排版草图方案，对修整处理好的图文应用 Illustrator 软件进行排版调试，最好能完成 3~5 个排版方案，供综合比较后，选定终稿。（见图 6-43 和图 6-44）

图 6-43　版式设计

图 6-44　版式与色彩

2. 包装 3D 设计表达解析

应用计算机可辅助包装 3D 效果设计。通过三维高清渲染效果软件（如包小盒渲染器、GPU 渲染器）逼真地表达设计方案，可以快速帮助我们预览到包装最终落地的实际效果，使设计与客户之间的沟通更便捷、更直观。

包装设计的 3D 渲染效果如图 6-45 所示。

设计者：冯诗琪

图 6-45 包装 3D 设计渲染效果

包装实体效果如图 6-46 所示。

设计者：袁嘉玮

图 6-46 包装实物成型效果

3. 包装印刷前要求

在第五章中对包装的印刷工艺进行了较详细的解析,这里以框架的形式归纳一下包装设计在印刷前必须注意的问题。包装印刷前的要求如图 6-47 所示。

NO.1*
文字转曲
快捷键:Ctrl+Shift+O

为避免文件传输到其他电脑后,出现字体无法识别或字体不存在的情况,一般在制作文件后按 Ctrl+A 键全选,按 Ctrl+Shift+O 键转曲。遇到书籍杂志等文字较多的文件不便于转曲时,可以选择在输出时嵌入字体。

NO.2*
出血设置
常见出血线:3 mm

为避免成品露白边或裁剪内容,一般在文件设计时需要设置出血线。常见出血线为 3 mm, 但需要考虑纸张等因素和印刷单位确定具体的出血,一定要保证相关元素要在安全线内。

以名片尺寸 90 mm X 54 mm 为例

3 mm 出血位
54 mm
90 mm

NO.3*
颜色模式
颜色模式:CMYK

印刷品设计时,为保证成品不存在误差,颜色模式应设置为 CMYK,另外需要注意其他有没有需要设置为专色的。

R G B
C M Y K

三原色光模式,又称 RGB 颜色模型或红绿蓝颜色模型。

CMYK 也称作印刷色彩模式。

0 255
0% 100%

RGB 各有 256 级亮度, 256 级的 RGB 色彩总共能组合出约 1678 万种色彩。

每种 CMYK 四色油墨可使用从 0% 至 100% 的值,总共能组合出约 100 万种色彩。

NO.4*
校对内容
三校三改制

比如出版物的校对工序通常为三校三改,就是反复三次仔细地校样和相应的修改过程,最终得到可以印刷的样本。

NO.5*
图像输出
分辨率: 300 像素

需要印刷的图像应该从一开始就按规范选择,印刷图像必须保证分辨率在 300 像素以上,保证成品的清晰度。过低的分辨率会令印刷效果模糊,难以识别。

高级选项
颜色模式
CMYK 颜色
光栅效果
高 (300ppi)
预设模式
默认值
更多设置
关闭   创建

72   视频、移动端设置的分辨率
150
300   印刷品设置的分辨率

NO.6*
印刷字号
印刷文字字号:不小于 6pt

有些印刷知识不足的设计师为了追求版式美观,在设计作品时使用过小的字号,实际印刷出来才发现看不清。印刷的文字大小建议不小于 6pt,太小的话会影响阅读和印刷质量。

46pt ---------- 设计青年
36pt ---------- 设计青年
26pt ---------- 设计青年
16pt ---------- 设计青年
6pt ---------- 设计青年

图 6-47 包装印刷前的要求

4. 包装的展示与宣传解析

包装设计展示:直观的展示形式,便于与目标客户沟通,提高通过的概率。包装单体效果版式如图6-48所示,包装的平面宣传展示版式如图6-49所示。

(1) 对完成的设计进行排版,包含调研分析、资料整理、设计深入的各阶段(构思草图、效果图、结构图、刀版图、渲染模型)的全过程。包装设计的排版如图6-50所示。

(2) 制作成汇报PPT,形成完整的设计方案。

(3) 设计总结、展示、交流、评述。

图6-48 包装单体效果版式

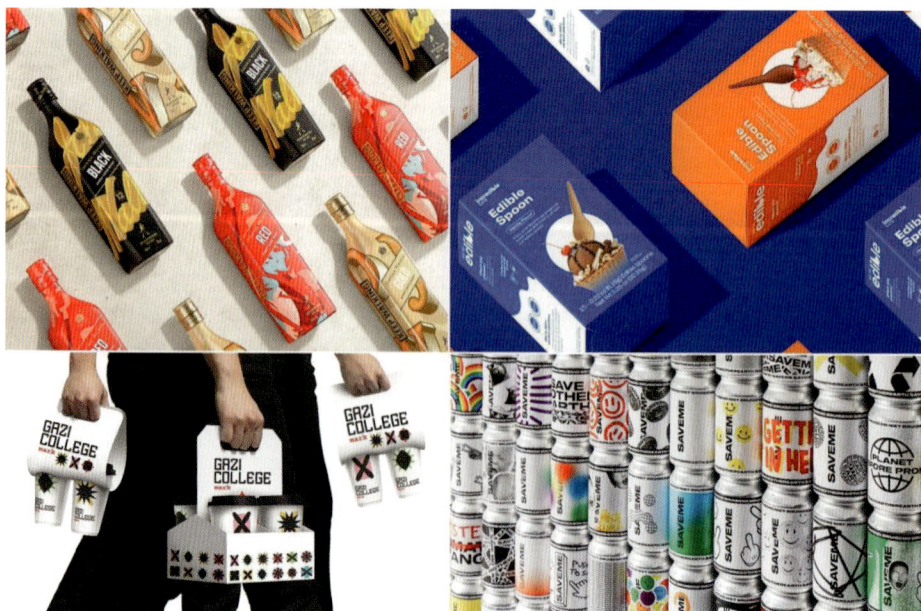

图6-49 包装的平面宣传展示版式

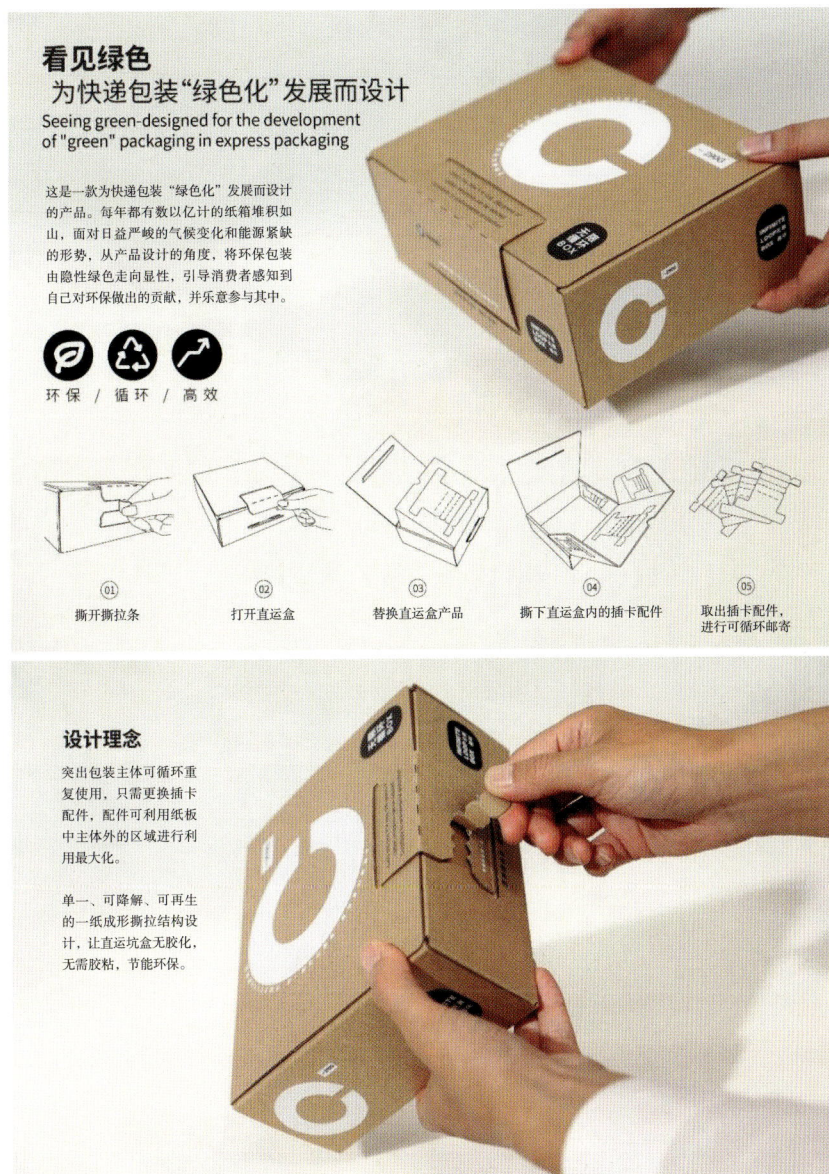

图6-50　包装设计的排版

了解、理解销售展示的几个类型及要点是深入学习的一个有效扩展方式,结合自己的设计,结合市场需求导向,思考如何推广自己设计的产品及面向市场的可行性。

(1)展售场地环境的选择:全面调研展览与销售的户内与户外空间环境特点,了解分析这一时间段的消费人群的需求特性、购买能力、购买欲望,合理地制订展售方案;

(2)营造购物氛围:强化商品的"场景感",舒适便利、新颖别致的购物环境,能满足与刺激消费心理;

(3)商品类型清晰醒目:突出聚焦商品的品牌与品质特性,吸引消费视觉,引导销售,品类分区与标价清晰,体现商品陈列空间布局的个性特色;

(4)便捷、易挑选:考虑到每个消费群体需求,设置展柜、展架、展台、花车及开展品尝、试用、试穿体验式现场促销活动等。

宣传引导的方式有刺激引导消费和活跃卖场气氛的POP卖点广告,如图6-51所示;区域引导性的户外广告招牌定点广告;品尝、试用、试做的服务型流动广告等。

图 6-51　商品 POP 宣传展示

一名合格的包装设计师必须具备的职业能力如下。

（1）具有关注市场、了解市场的能力，敏锐的洞察力、审美力及发现问题的能力，并能较清晰明确地表达设计思路；

（2）具备一定的专业技能，具有良好的图形、文字、编排等平面设计基础及熟练运用各类平面设计软件、制图软件（如 CorelDRAW、Photoshop、Illustrator）的能力；

（3）熟悉产品的包装结构、材料、印刷与制作工艺流程等；

（4）具有创新意识和解决问题的能力；

（5）具备良好的设计实践能力和团队协作精神，以及良好的沟通能力与表达能力。

本章小结

　　本章着重解析视觉设计形象全过程，目的是希望学习者能系统全面地了解、理解过程要点对设计所起到的作用，能真实地去进行调研、选题、展开设计，而不是以完成课程作业为目的。设计需要有目标，需要严谨的步骤，需要有思想（创新构想），还要有不断深入的毅力。要不断思考，自己的设计能为产品增加影响力、识别力，提升市场销售力吗？自己的结构设计能体现构造特性、材料特性及成本特性吗？自己的视觉设计能吸睛，打动消费者吗？自己的设计自己愿意买单吗？

【思政目标】

(1)课程中设置的市场调研提高学生参与社会实践积极性与认知能力;

(2)课程设有阶段性的学生方案讲述,增强学生的表达与交流能力;

(3)课程的设问环节增强学生思考、勇于提问和发现问题的能力;

(4)多种方法增强学习设计的目的,形成明确而清晰的学习动机。

【重点】

包装设计的视觉表达要素是产品信息传达的关键,图形的选择与设计,主体文字与其他信息文字的字体设计、大小及排版,色彩的应用与表达,都是设计中不可忽略的要素,都要进行精心的设计。

【难点】

有自己独特的区别于同类商品的视觉形象设计(包含图形、文字、色彩),也可尝试打破常规进行自由发挥,要点是全面把控。

【课程训练作业】

水果包装视觉形象设计。

(1)在包装结构盒型中进行视觉形象设计;

(2)具体名称自己定,在拟订好品名后进行 logo、主题文字、图形及色彩设计;

(3)在包装结构盒型上进行视觉形象的排版设计(每一类完成 3 种排版训练),再进行比较选择;

(4)完成最终设计稿,完成 500 字的设计说明;

(5)完成 6 页展示自己设计成果的 PPT。

【推荐】

图像处理软件:Photoshop。

图形处理软件:CorelDRAW、FreeHand、Illustrator 三者择一。

3D 包装设计网站:包小盒。

设计图稿保存格式:TIFF 格式(包含压缩和无损压缩)。

设计图稿保存色彩格式:CMYK。

设计图稿保存分辨率:300dpi(包装印刷单个 150 dpi 即可)。

第七章

实战方案解析
学生创意包装设计

第一节　包装的设计流程与方法基本架构

包装设计是一个系统工程,包含整体策划,创意构想的形成,各阶段的设计深入,材料、结构、打样成型试验和销售论证等全过程的设计,合理的程序与有效的方法是设计前期保证。包装设计的步骤架构及过程要求如图7-1所示。

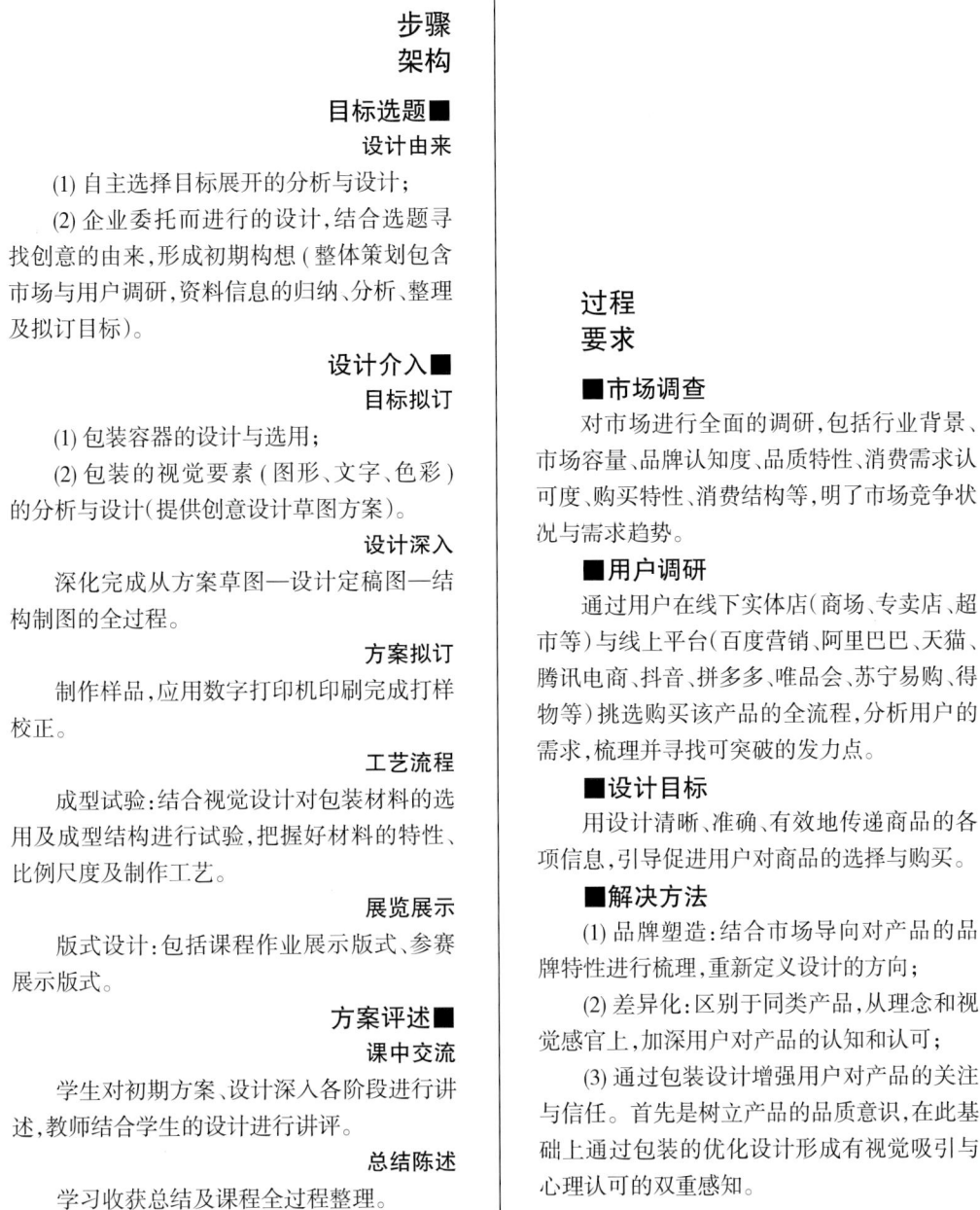

步骤架构

目标选题■
设计由来
(1) 自主选择目标展开的分析与设计;
(2) 企业委托而进行的设计,结合选题寻找创意的由来,形成初期构想(整体策划包含市场与用户调研,资料信息的归纳、分析、整理及拟订目标)。

设计介入■
目标拟订
(1) 包装容器的设计与选用;
(2) 包装的视觉要素(图形、文字、色彩)的分析与设计(提供创意设计草图方案)。

设计深入
深化完成从方案草图—设计定稿图—结构制图的全过程。

方案拟订
制作样品,应用数字打印机印刷完成打样校正。

工艺流程
成型试验:结合视觉设计对包装材料的选用及成型结构进行试验,把握好材料的特性、比例尺度及制作工艺。

展览展示
版式设计:包括课程作业展示版式、参赛展示版式。

方案评述■
课中交流
学生对初期方案、设计深入各阶段进行讲述,教师结合学生的设计进行讲评。

总结陈述
学习收获总结及课程全过程整理。

过程要求

■市场调查
对市场进行全面的调研,包括行业背景、市场容量、品牌认知度、品质特性、消费需求认可度、购买特性、消费结构等,明了市场竞争状况与需求趋势。

■用户调研
通过用户在线下实体店(商场、专卖店、超市等)与线上平台(百度营销、阿里巴巴、天猫、腾讯电商、抖音、拼多多、唯品会、苏宁易购、得物等)挑选购买该产品的全流程,分析用户的需求,梳理并寻找可突破的发力点。

■设计目标
用设计清晰、准确、有效地传递商品的各项信息,引导促进用户对商品的选择与购买。

■解决方法
(1) 品牌塑造:结合市场导向对产品的品牌特性进行梳理,重新定义设计的方向;
(2) 差异化:区别于同类产品,从理念和视觉感官上,加深用户对产品的认知和认可;
(3) 通过包装设计增强用户对产品的关注与信任。首先是树立产品的品质意识,在此基础上通过包装的优化设计形成有视觉吸引与心理认可的双重感知。

图7-1　包装设计的步骤架构及过程要求

第二节 包装设计流程应用实战

1 课程实战 茶叶包装容器设计

课程名称:容器设计。

周/学时:4周/64学时。

案例来源:湖北工业大学(艺术设计学院)。

设计者:2020级学生苏立、吴朦、王霖霖、张丽丽。

指导教师:胡雨霞(教授)。

同学们第一次将创意构想进行3D建模,存在建模技术掌握与空间表达的不足,还无法很好地将平面的草图进行三维转化。刚开始多采用建模软件中的自带的(固有)模式,如建一个圆、伸拉一个圆柱、简单的拼接组合,不能把控造型、断面、比例及贴图渲染效果,特别是对空间造型在深入完善过程中的变化的把控,这也是直接影响创意在建模过程中产生新的不确定变化的因素。(见图7-2)

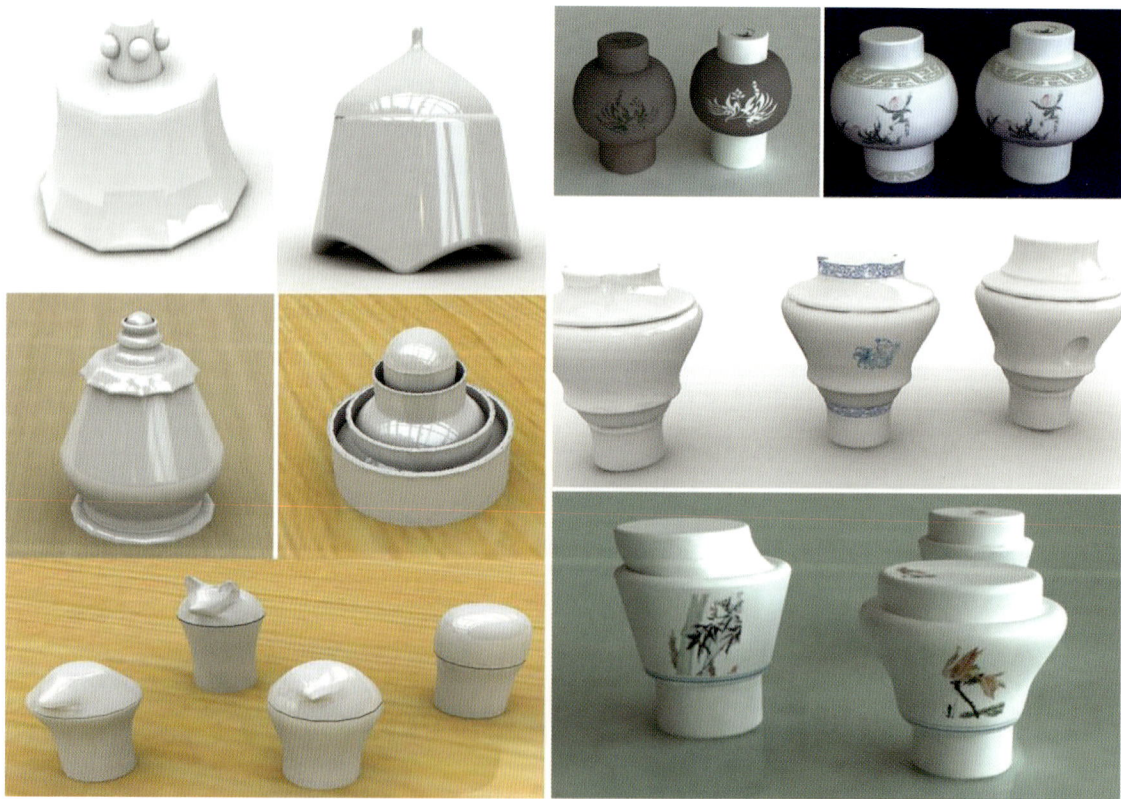

图7-2 茶叶容器包装设计过程(一)

进一步深入中,同学们开始有了对空间与造型的感知,学会了在设计中抓住要点,进行扩展,使造型有更多的可能。造型确定后才是贴图,同样也面临贴图的完整性及光影渲染效果的表达问题。(见图7-3和图7-4)

图 7-3　茶叶容器包装设计过程(二)

图 7-4　茶叶容器包装设计过程(三)

　　同学们在创意构想、造型、比例尺度、材料材质、色彩、贴图(图形的设计与选择)、渲染效果的每一步都面临困难,但只有坚持,在不断的深入中完成计算机辅助造型设计、设计的修改完善及贴图渲染等,每一步学习同学们都会有不一样的收获与惊喜。同学们完成的茶叶容器包装设计方案如图 7-5 所示,获得的国家专利如图 7-6 所示。

The tea
vessel design

中国茶具文化

　　从饮茶开始就有了茶具,从一只古朴的陶碗到一只造型别致的茶壶,历经几千年的变迁。茶具的造型、用料、色彩和铭文,都是历史发展的反映。历代茶具名师艺人创造了形态各异、丰富多彩的茶具艺术品,这些传世之作是不可多得的文物古董。当它们展现在你面前的时候,你会惊讶和感叹。无论是宫廷的金银茶具,还是古朴典雅的紫砂茶壶,无论是历史上官窑的瓷制茶杯、茶碗,还是民间艺人创造的漆器或竹编茶具,都令人叫绝。

图 7-5　茶叶容器包装设计方案展示

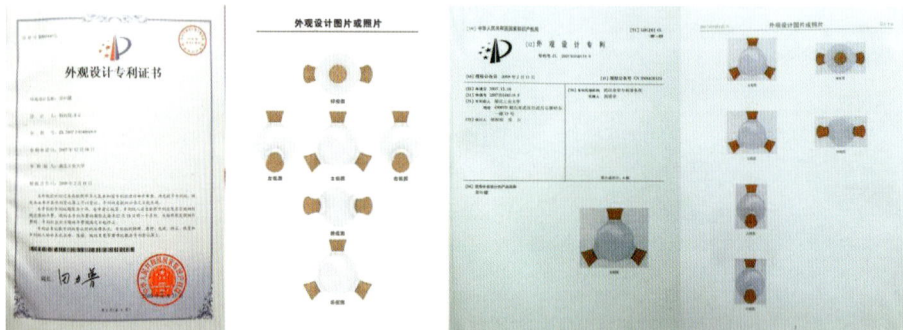

图 7-6　茶叶容器包装设计获得的国家专利

课程评述

　　容器造型是一种极具挑战及需要空间想象力的立体造型活动,它既要体现容器的实用价值和审美价值,还要求设计者对材料、工艺及包装物体背景有所了解,并以科学的设计方法为引导,运用各种艺术造型设计原理,这样才能设计出新颖、奇特、富有个性的好作品,达到形态与功能、形态与艺术的完美结合。

　　好的构想需要好的表达,学生在4周时间里的包装容器设计课程中有很多好的创意构想,深入设计的过程中会遇到很多的困难,如何有效地去引导学生走出困境、突破自我要因人而异,发现他们的优势与特色,从而进行启发引导与示范才能使他们将好的构想表达出来。

2 课程实战　农副产品品牌包装设计

案例来源:武昌首义学院(艺术设计学院)。

课程名称:包装设计。

设计者:2017级学生关文慧、李冉格。

指导教师:董璐(副教授)。

项目由来:"薯一薯二"品牌包装设计是学院对接的红安农副产品包装设计项目,也是设计服农、助农、兴农活动的课程设计与实践创新。

产品调研:对红安农副产品的品类、品质、包装特性及销售情况进行调研,全面了解各方面的信息,整理分析存在的问题与不足,寻找突破的方法和手段。

存在的问题分析:

(1)视觉形象的品名、logo、IP、色彩等信息缺乏明确统一的标准,无法使消费者产生对产品品牌的认知与印象;

(2)包装过于简单,缺乏特色;

(3)内容过于单调,没有记忆点。

提出的设想与改进的设计方案:

(1)形成系列性。农副产品的品类较多,提出以点带面系列特性的包装设计方案来加强对品牌视觉形象的统一认知。

(2)品名与色彩重设。结合产品特性对产品logo进行重新设计,如图7-7和图7-8所示。

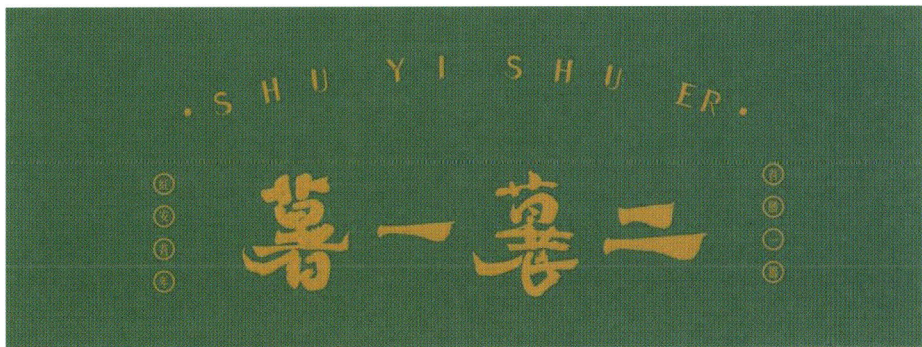

图7-7 "薯一薯二"logo设计

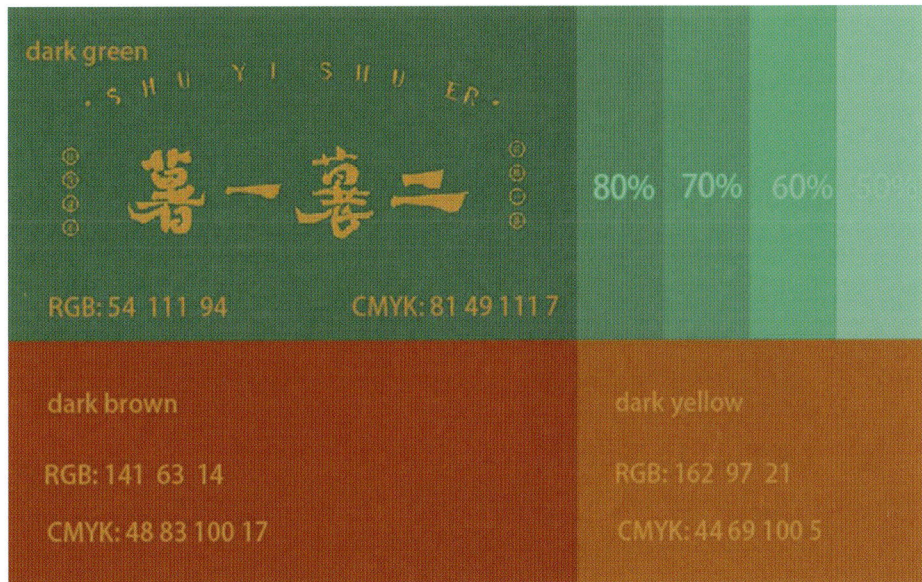

图7-8 logo色彩设计过程

(3)IP 形象设计。考虑到品牌所需,在提取主要元素后,对产品进行 IP 形象的设计、扩展设计,推广特色元素。(见图 7-9)

图 7-9　IP 形象设计过程图

(4) 视觉形象设计。结合地域人文特色(地理特性、故事题材)完成图形与色彩设计。(见图 7-10)

图 7-10　图形与色彩设计过程

(5)包装结构设计。结合产品的特性进行包装的结构分析,从功能和形态上重新设计,如开启方式、移动方式、识别认可方式、尺寸大小、重量刻度、材料的选用、制作工艺等,经过多次结构及材料调整形成既有整体效果又有个体特色的结构设计形式。(见图 7-11)

图 7-11　结构设计过程

(6)设计成稿与展示。设计要有严谨、认真、执着的学习态度,设计中会遇到很多的困难、很多的变化因素,仅展陈就做了许多次的调整,如平面展示(图形、结构展开)、课程展览展示(包装设计与整个展区的关联)、视频展示(视频拍摄、讲解、编辑等)、采访展示(课程交流、课程展览报道)、设计总结等。设计完成不只是成稿,还有后续的各项跟进任务和可落地被采用后的进一步修改。设计展示如图 7-12 所示。

图 7-12　设计展示

课程评述

设计者评说：红薯俗名"苕"，是老区红安的品牌农作物，设计取名也正是基于地域特性、文化特性、农作物特性以谐音"数一数二"拟定的品牌名"薯一薯二"，品名易记、易识又有寓意，也象征着企业打造第一的品牌使命。品牌 IP 形象命名为"薯宝"，高度拟人地刻画红薯的外形，设计简洁，但是又符合农产品的特色。

指导教师评说：红安红薯是红安地区地标美食，"薯一薯二"品牌 IP 设计主要通过对红安地区地域文化的挖掘，进行具有红安特色的区域农产品品牌、形象设计，从品牌故事、品牌视觉、品牌文案、品牌包装、品牌系列衍生产品等方面着手，构建了一个互相联系的有机体，有针对性地将地域文化特色和产品包装进行视觉品牌整合。

企业评说："薯一薯二"很好地利用了谐音置换，特点很鲜明，突出了品牌的符号性，易记忆、易传播。无论是从图形创意、包装设计还是延展的文创设计都很有特色，给人以美的感受，用独特的设计诠释了当地的文化特色。

3 课程实战　酒包装设计

课程名称：包装设计。

周 / 学时：4 周 /64 学时。

案例来源：武昌首义学院（艺术设计学院）。

指导教师：杨佳颖（讲师）、艾雅琴（讲师）。

学生的酒包装设计作品如图 7-13 至图 7-15 所示。

图 7-13　酒包装设计(设计者:2020 级学生高习)

图 7-14　酒包装设计(设计者:2020 级学生刘晶晶)

图 7-15　酒包装设计（设计者：2020 级学生袁嘉玮）

课程评述

　　设计者评说：通过这次"包装设计"课程的学习，体会到了平面设计与空间特性设计之间的关联，开始学习掌握三维造型设计、结构设计及平面设计的应用特性，同时也通过全过程的设计，了解到包装的各项功效特性与面向市场时我们应该做怎样的设计与学习。

　　指导教师评说：学生分组进行选题与设计，这组五粮液的设计突破了原有包装设计教学中只针对瓶贴和包装盒的设计，而是结合酒、产地及地域文化特性从装酒的瓶子进行设计。学生从本源了解该产品的特性，通过自己设计的瓶型再进行平面视觉设计，使原局限于"为别人做嫁衣"，转化为"为自己做嫁衣"，且明白了包装从内至外，如瓶型、盒型、图形、色彩、文字、材料、比例等，需要怎样的设计。

4 课程实战

"罩"花夕拾——防护用品包装设计

　　课程名称：包装设计。

　　周／学时：4 周／64 学时。

　　案例来源：湖北商贸学院（艺术与传媒学院）。

　　设计者：2020 级学生肖云飞。

　　指导教师：陈燃（讲师）。

　　口罩及其包装设计过程和成果如图 7-16 至图 7-18 所示。

选题的构思与方案

在这个疫情的大环境下，人们不得不戴上口罩、做好防护。很多小朋友更是一出生就与口罩有了亲密接触，显然口罩已经成为了我们人类的"朋友"。所以需要做分别适合儿童、青壮年与老人的不同喜好特点的口罩。

方案一

以保护珍稀动物与自然资源为主题，提取熊猫、东北虎等动物元素来做口罩和包装的主视觉图形。

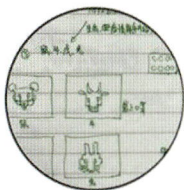

方案二

从疫情刚暴发到现在已经有四个年头，选择用疫情这四年的生肖鼠、牛、虎、兔来做主视觉图形。

方案三

做口罩盲盒，提升口罩及其包装的可玩性和有趣性，选择提取一些疫情阶段的热点词和搞笑短语标识。

方案四

做整套防护用品及防疫套盒。因为在疫情当前，认真且全面的防护是很有必要的。

思维导图及草稿

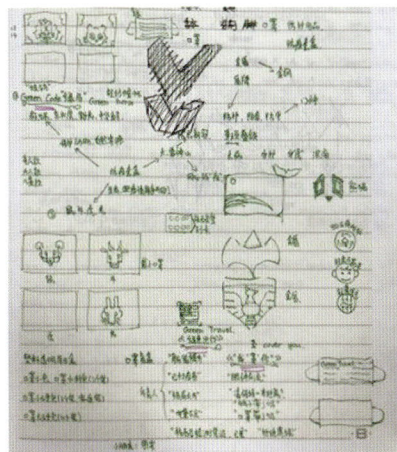

草稿与初稿

图 7-16　口罩及其包装设计方案

图 7-17　生肖图形设计

图 7-18　设计完成展示图

课程评述

　　设计者评说:设计选题以疫情期间大家都必备的口罩展开设计,一是提示使用,二是引导使用。这里以十二生肖为元素进行图形设计,有节令性,且有趣和有可选性,打破口罩单一的表达形式。

　　指导教师评说:能结合课程的要求在选题上体现设计的服务意识,体现设计引导受众,有趣的名称、生动的十二生肖图形及盲盒的销售方式都体现出学生对学习应用的不同思考。

课程名称:包装设计。

周/学时:4周/64学时。

案例来源:武汉科技大学(艺术与设计学院)。

设计者:2020级学生江楠。

指导教师:王伟(副教授)。

半山玉露茶包装设计元素运用及成果展示如图7-19和图7-20所示。

图7-19 "半山"文字、图形元素提取与演变

图 7-20 包装设计成果展示

续图 7-20

课程评述

　　设计者评说:对冠有中国名茶的湖北恩施玉露茶进行包装设计,设计体现了恩施特殊的地理位置,以及玉露茶的形态与功效特性(条索紧圆光滑、纤细挺直如针,色泽苍翠绿润)。包装主体图案选择具有典雅感和流动感的线条来勾勒山脉,表现茶叶的产地特色及地方文化特色。

　　指导教师评说:首先以半山的地理与文化特性进行文字、图形设计,规范与强化了品牌信息概念的完整性,并在此基础上进行了整体的设计。

　　本章选用了湖北工业大学、武汉科技大学、湖北商贸学院、武昌首义学院等院校的课堂学习作业,以包装设计的基本程序与方法,结合学生4周的包装设计课程作业进行流程与方案设计的评述解析,明确学生在学习中所展现出的优势与不足之处。教学中教师会给学生提供一个设计的范围,并通过实证案例解析,让学生可借鉴典型优秀案例的完成过程与成效。通过学习完成的作业案例,更具有启发性与引导性,让学生在一步一步完成设计的过程中,知晓自己是有能力与潜质学好包装设计的,明晰设计需要去做什么、能做什么、做到了什么。

【思政目标】

　　学习包装设计会遇很多不一样的问题和困境,如技术问题、创意表达问题、团队协作问题、交流表达问题等,如何克服困难、如何突破瓶颈、如何发挥出自己独特的优势,有计划、有目的地去思考和学习,这就要求我们有严谨的学习态度,自主的学习动力及克服困难、勇于调整的勇气与毅力,相信自己有这个能力与实力。

　　体现课程选题的针对性:设计服务地域文化(文创包装设计、特色文化设计等);设计服务乡村建设(走进乡村,走近农户,设计服农、助农、兴农);设计关注环境(可持续的生态包装设计、简约包装设计探索等)。

【重点】

(1)了解设计程序与方法的基本知识和掌握设计的一般过程,具备拟订设计策略的基本能力;

(2)大胆提出问题,多渠道寻找解决问题的方法,分析、讨论草案思路等;

(3)深入进行社会调查研究,了解问题的实质;

(4)具备图文表述能力与验证能力。

【难点】

(1)培养策划与控制设计方案进度的能力;

(2)培养确定设计目标、形成设计观点的能力;

(3)解决问题的过程(如明确与同类产品的区别,从功能特点、技术特点、形态特点、材料特点、色彩特点、文化特点、地域环境特点、使用特点及附加值等方面考虑)。

【要求】

(1)自主参与设计,应用各种方式完善设计,提升对事物的认知、观察、思考、行动能力;

(2)通过"创意 + 要素 + 表现 + 推广",完成有意义的包装设计。

第八章

典型案例解析
包装设计

包装设计的种类繁多,这里选择有代表性的日用品包装设计、食品包装设计、药品包装设计、酒类包装设计、土特产类包装设计、礼品及文创包装设计等进行案例解析。

在当今对商品的认知与认可中,不是价格高的就是好的设计,而是精美、适合、适度,且体现或超出产品本身价值的设计才是好的设计。在这里从 8 个方面进行典型案例解析,通过分析每个案例的各自设计的创意构想及表达形式加强我们对包装设计多角度的认知。

第一节　容器特性类包装设计典型案例解析

1. 酒鬼酒包装设计

"今世出酒鬼,翩然成大器",一个包装设计的诞生,从理念、观念到形态、材料及寓意、影响力、接受力,形成市场效应、品牌特性,其功在内涵与外延双重特性的巧妙融合。(见图 8-1)

著名作家蒋子龙品尝酒鬼酒后,欣然写下《酒鬼歌》:"今世出酒鬼,翩然成大器。人皆赞其美,品清香自溢。此鬼最风流,多情亦多趣。称鬼不称神,识高藏玄机。鬼名天下扬,反惹神仙嫉。有此鬼作伴,醉意胜醒意。"

图 8-1　酒鬼酒

在设计者选择上,黄永玉先生以他独来独往的艺术天性和自然超脱、逍遥自由的人生态度,给馥郁美酒取名与设计,呈现了中国白酒产品的造型之美、绘画之美、诗词之美、书法之美和意境之美。

在品名立意上:

"酒鬼"是一种品牌追求,唯有鬼斧神工,方为无上妙品;

"酒鬼"是一种艺术境界,唯有鬼风神韵,方显卓尔不群;

"酒鬼"是一种饮酒哲学,唯有鬼灵洒脱,方可醉而非醉;

"酒鬼"是一种才智人生,唯有鬼才智者,方能自由逍遥。

在设计表现形式上,一个简单的粗麻布缝成的口袋,用麻绳扎的袋口,厚墩墩的酒鬼酒包装设计与"酒鬼"品牌名就这样诞生了。"雅源于俗、美藏于凡、妙隐于简"的设计理念,应用于酒的独特包装造型形式,赋予了中国白酒陶瓷包装的新特征。(见图8-2)

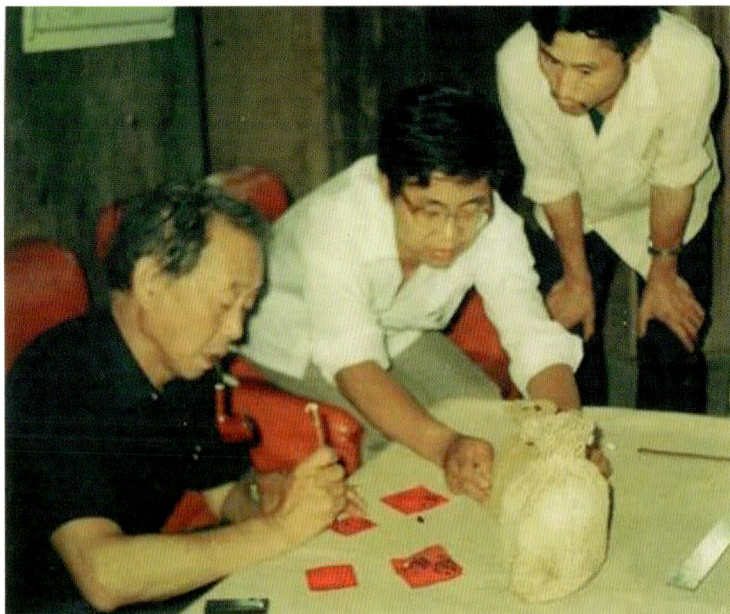

"酒鬼"与"鬼才"一样,代表超脱自由、胸怀才智、不甘平庸,代表非同寻常、不居庙堂、特立独行。酒鬼酒从命名、包装到立意,形意孤绝、妙手天成,构成了别具一格的产品识别体系,书画与造型相得益彰,酒名与解注相映成趣。源于自然、浑然天成、卓尔不群,不愧是"酒中之鬼"。而正是因为无拘无束,清丑顽拙的个性,才称得上"无上妙品"。

图8-2 酒鬼酒包装设计过程

酒类市场竞争激烈,一个无知名度的新品牌怎样才能较短时间内在市场中争得一席之地?酒鬼酒的包装设计可以说在全国众多的酒品中脱颖而出,除了产品自身的品质外,品牌以及包装设计的创新是赢得市场的重要因素。酒鬼酒在传达品牌的传统文化、历史特点、商品性、民族情感、价格规律上都具有典型性。酒鬼酒包装如图8-3所示。

图8-3 酒鬼酒包装

酒鬼酒以独树一帜的品牌美学开创白酒行业文化营销之路,是中国文化酒的先行者。1997年7月,酒鬼酒股份有限公司在深交所成功上市;之后在品牌美学的加持下,"酒鬼"品牌陆续获得中国驰名商标、地理标志产品、中国名牌消费品、世界名牌消费品等荣誉。

2.海底捞食品包装设计

海底捞食品包装设计分析如图8-4所示。

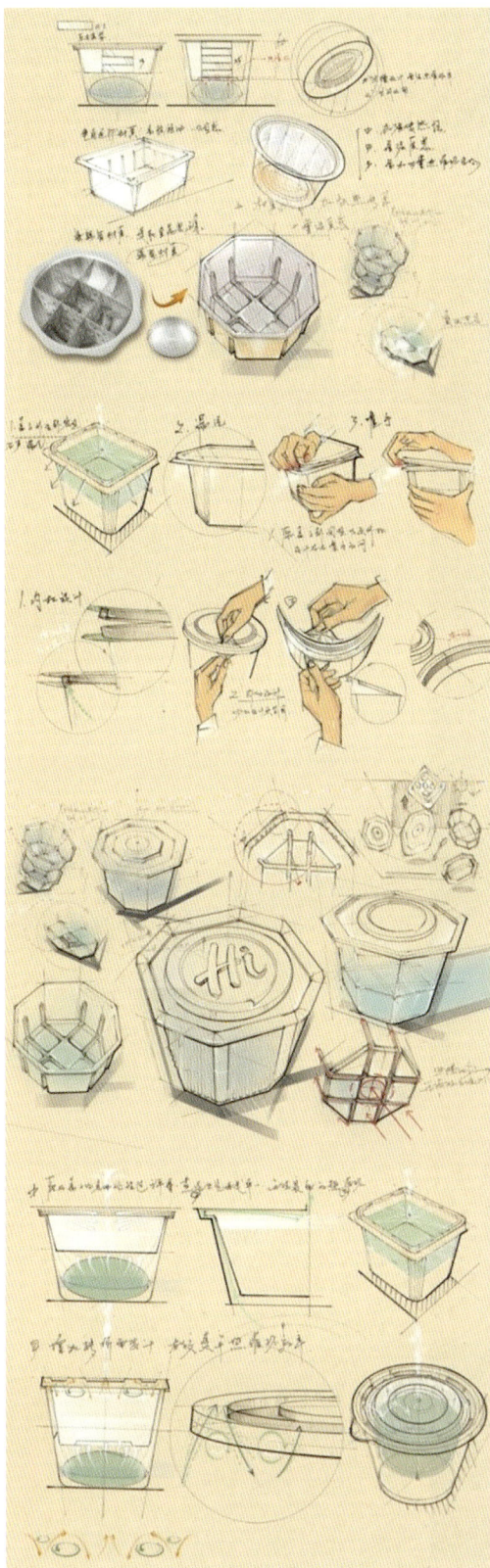

创新
洞察

项目背景:

目前市面上的同类产品包装设计缺乏用户思维引导,导致很多违背消费者习惯的不合理体验,极大地影响了品牌在受众心目中的形象。

用户痛点:

现有海底捞"自煮火锅"的痛点包括以下几个维度的问题。

(1)材质结构没有突显品质;

(2)操作应用不注重用户体验;

(3)包装设计无法在同质产品中脱颖而出;

(4)外包装的品牌识别度低等。

设计
策略

市场洞察:

"自煮火锅"指的是不插电、不开火,加冷水自煮的全套火锅。本次项目的核心议题在于从品牌设计维度提升已有的海底捞"自煮火锅"产品。

体验升级:

针对痛点,项目以真实了解用户消费和应用习惯为核心出发点,以用户定量问卷切入,通过数据分析,筛选符合条件的调研目标,收集有效的调研信息。

图8-4 海底捞食品包装设计分析

①1.8 cm 侧边双耳设计，双手端持更稳

②全新内扣上盖，有效防止蒸汽烫伤

③八边形锅体、九宫格造型，浓缩火锅文化

④无染色环保材料内盒，食用更安心

⑤超大四汽道，加热效率显著提升

⑥底部缓冲垫圈，保护桌面不被烫伤

01.
打开盖子，把食材放进上层餐盒

02.
打开底料包，将底料慢慢倒入上层餐盒加水至刻度线

03.
将加热包的透明外袋撕掉，放进底层的盒子，加入凉水至注水线处或没过加热包 2/3 处

04.
上层盒子放入底层盒子，盖上盒盖，加热包就开始加热了，12～15分钟后，火锅完成

05.
打开盖子，搅拌均匀即可享用

用户需求：

在设定的消费场景、使用场景内对焦点用户进行深度访谈。在结构、体验、视觉、品牌四个层面提供切实有效的设计建议。

解决
方案

(1)针对隔热性、耐热性、可塑性和性价比，大幅度提升外盒和内盒材质的品质感；

(2)改变结构设计提升加热效率，缩短用户等餐时间；

(3)创新设计打造独特盒形，以融入品牌的超级符号传达品牌形象。

产品上市后，良好的品牌口碑和产品体验迅速引爆市场，2017 年销售额超过 4 亿，成为海底捞品牌重要的流量产品。

第二节　结构特性类包装设计典型案例解析

1.橘子包装结构设计

橘子包装结构设计如图8-5所示。

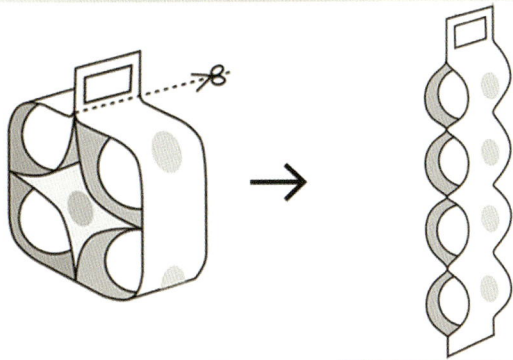

(1) 简便、通透、便于识别；
(2) 牛皮纸能承重，便于携带；
(3) 易于撕开，可轻松拿取；
(4) 视觉简约，易识易用。

图8-5　橘子包装结构设计

2. 巧妙开启方式的包装结构设计

巧妙的首饰包装开合设计给使用者一种新奇独特的视觉感与体验感,如图 8-6 所示。

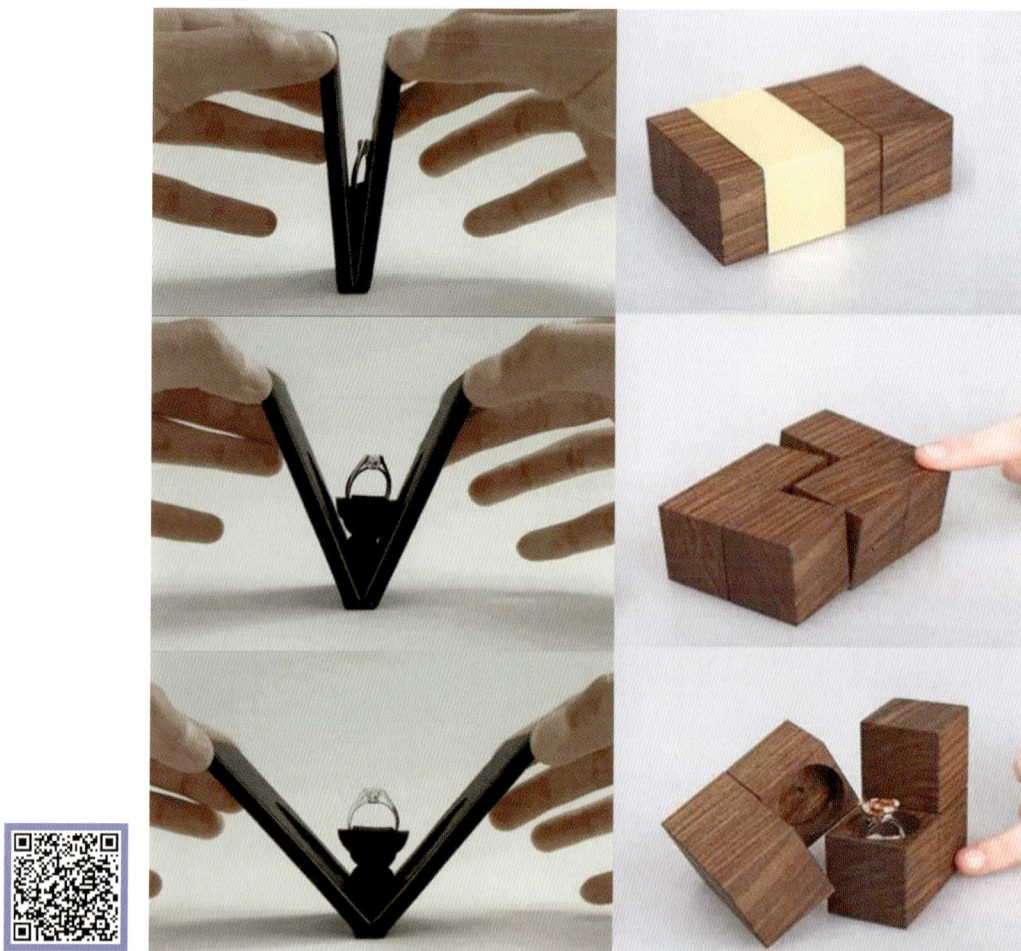

图 8-6　首饰包装结构设计

3. 卡合编结方式包装结构设计

简单的卡合操作使鸡蛋包装设计安全、稳定,且拿取方便,如图 8-7 所示。

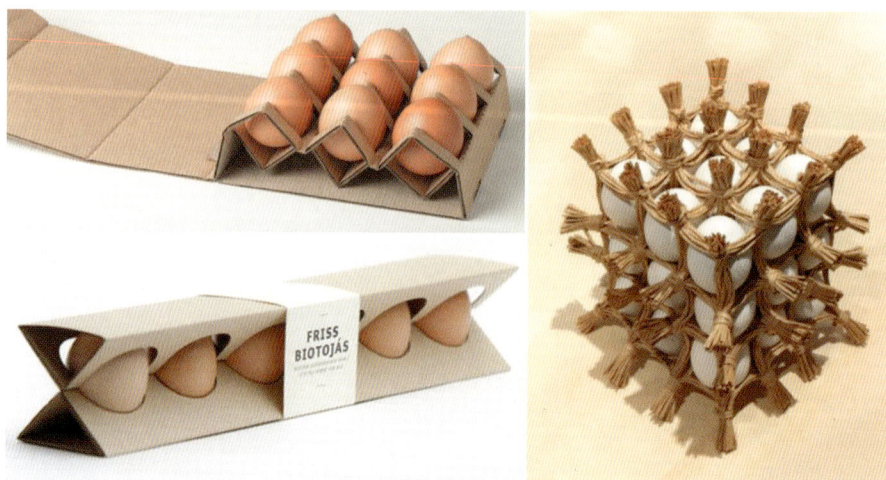

图 8-7　鸡蛋包装结构设计

4. 组合与分割体验方式的包装设计

组合与分割体验方式的蜂蜜包装结构设计如图 8-8 所示。

图 8-8　蜂蜜包装结构设计

5. 灯泡包装结构设计

灯泡包装结构设计如图 8-9 所示。

图 8-9　灯泡包装结构设计

第三节　图形、文字、色彩特性类包装设计典型案例解析

1. 图形设计——矿泉水包装设计

矿泉水包装的图形设计如图 8-10 所示。

"在矿泉水瓶上游泳"。

（1）理念由来：水是生命之源，这款矿泉水的水源来自清莱（泰国北部）象山，这里自然环境优越，水瓶上出现的各种野生动物都生活在这里，水源既是产品，也是它们的生命之源。

（2）设计表达：水是所有生物的生命源泉，这款设计图形语言传递人们对环境保护的认知及所需付出的行动引导。

（3）图形语言：简约、自然动人，蓝色线条生动地模拟了这些野生动物与水源的互动，就像把一些大自然的场景永久保留在每一瓶水上。

图 8-10　矿泉水包装设计

2. 文字设计——OLO 果汁

文字特性的包装设计如图 8-11 和图 8-12 所示。

设计者：Steve Solodkov。

由"OLO"字母设计了一系列简单而生动有趣的表情，简洁明快地将品牌 logo 以文字、图形形式表达出来，在产品识别与产品品类上都能感受到信息所传达出的价值。

图 8-11　OLO 果汁包装设计

图 8-12　文字特性的包装设计

3. 色彩设计——RESONANCE 易拉罐包装设计

RESONANCE 易拉罐包装中的色彩设计如图 8-13 所示。

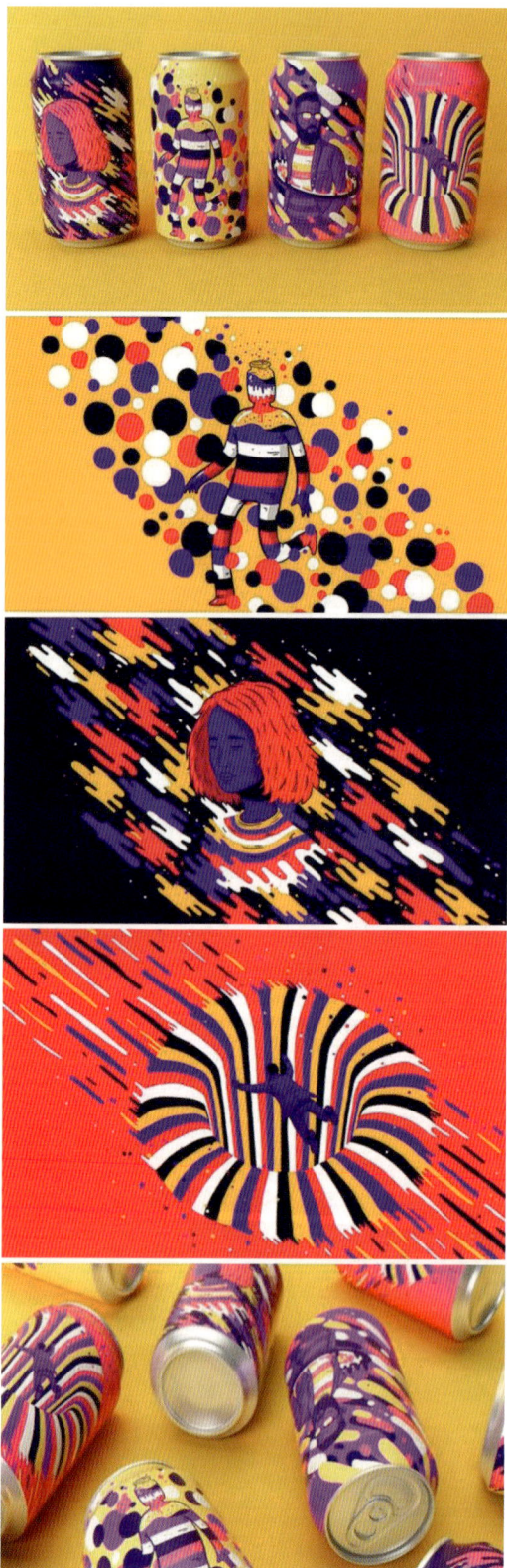

"打翻了的调色盘易拉罐"。

设计者：Lucas Wakamatsu。

理念由来：只与视觉有关。

设计表达：利用图形与色彩表达。

图形语言：抽象图形。

设计概念：不被产品固有的特性束缚，随性而为，似无主题，实则主题更明确，五彩斑斓区别于其他同类产品，视觉冲击力更强。

图 8-13 RESONANCE 包装设计

第四节　仿生趣味类包装设计典型案例解析

1. 农夫望天辣椒酱包装设计

好包装带来好生意,以小包装及色彩来体现辣椒三种不同的口味与辣度,供消费选用。(见图8-14)

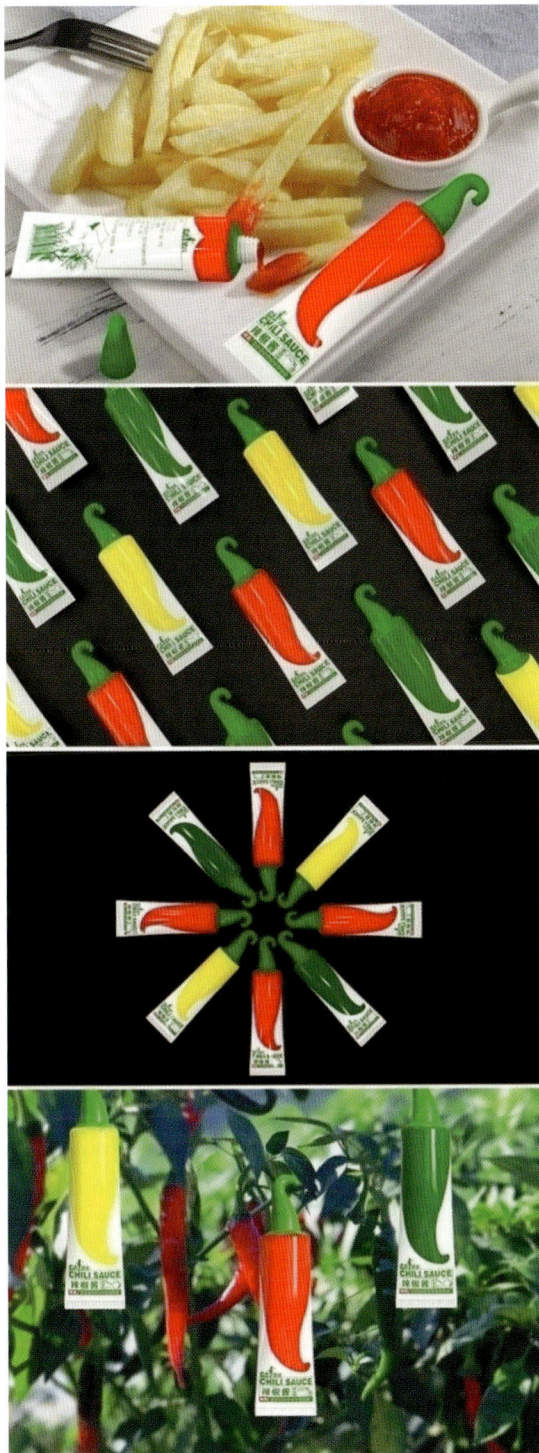

辣椒、辣椒酱。

理念由来:使用需求与直观识别的关联。

形态特性:与原物品的关联,在包装造型上巧妙应用辣椒固有的形态特性,简洁清晰、生动有趣地构造了辣椒的包装形态。

色彩特性:与原色彩的关联。

图形语言:原物原形。

设计表达:差异趣味的关联。

工艺特性:使用可降解的材料,体现环保理念。

展示特性:黄色、红色、绿色的辣椒包装就像辣椒还生长在辣椒园中一样,给消费者带来田园采摘的体验,体现出不一样的展示效果。

图 8-14　农夫望天辣椒酱包装设计

2. 坚果包装设计

坚果包装设计如图 8-15 所示。

坚果包装设计解析。

理念由来:"坚果"与"松鼠"的关联。

图形语言:形态特性与包装特性的关联。

设计表达:形态与结构特性的关联。

以仿生形态为特性的坚果包装,突出了物品与所选包装形态(松鼠)的关联特性。松鼠觅食收集坚果的形态特性,鼓鼓的"腮帮"生动有趣又符合坚果包装的可识别性和可容纳性。包装设计就应有这样的创意前提,在保护商品的同时能清晰准确地传达展示商品的信息,具备功能,形态,使用方式及吸引、引导特色等商品消费属性。

图 8-15　坚果包装设计

3. 消消火凉茶包装设计

消消火凉茶包装设计如图 8-16 所示。

消消火凉茶。

设计者:邓雄波。

理念由来:冰与火的关联。

图形语言:形态与包装的关联。

设计表达:形态与结构的关联。

以饮食角度解读为与辛辣、油炸食品,易于上火有关;以地域特性而言与当地的气候如湿气、瘴气调节人体的需求平衡有关。所以我国很多地方有喝凉茶的习惯,凉茶具有清热解毒(解暑)、生津止渴、去火除湿、去热去燥等功效。特别是粤、港、澳地区,人们根据当地的气候、水土特征,在长期疾病预防与中医养生保健的过程中,以中草药为原料,以食用的特性形成了"凉茶"这一不可替代的民间品牌,凉茶品牌、凉茶配方及所构成的凉茶文化得到了民众的广泛认可。

设计分析了凉茶的功用特性,以朗朗上口"去去湿""消消火"作为广告语的宣传特性,在形态的表达上以灭火器为造型简洁而直接地将寓意、功效表达出来,视觉冲击力与心理接受感染力达到了意形合一的效果。

图 8-16　消消火凉茶包装设计

4. 借形及借意特性的包装设计

借形特性的包装设计如图 8-17 所示,借意特性的包装设计如图 8-18 所示。

图 8-17　借形特性的包装设计

图 8-18　借意特性的包装设计

第五节　交互体验类包装设计典型案例解析

产品与包装组合的包装结构设计，有结构功能特性，也有使用功效特性。（见图 8-19 至图 8-21）

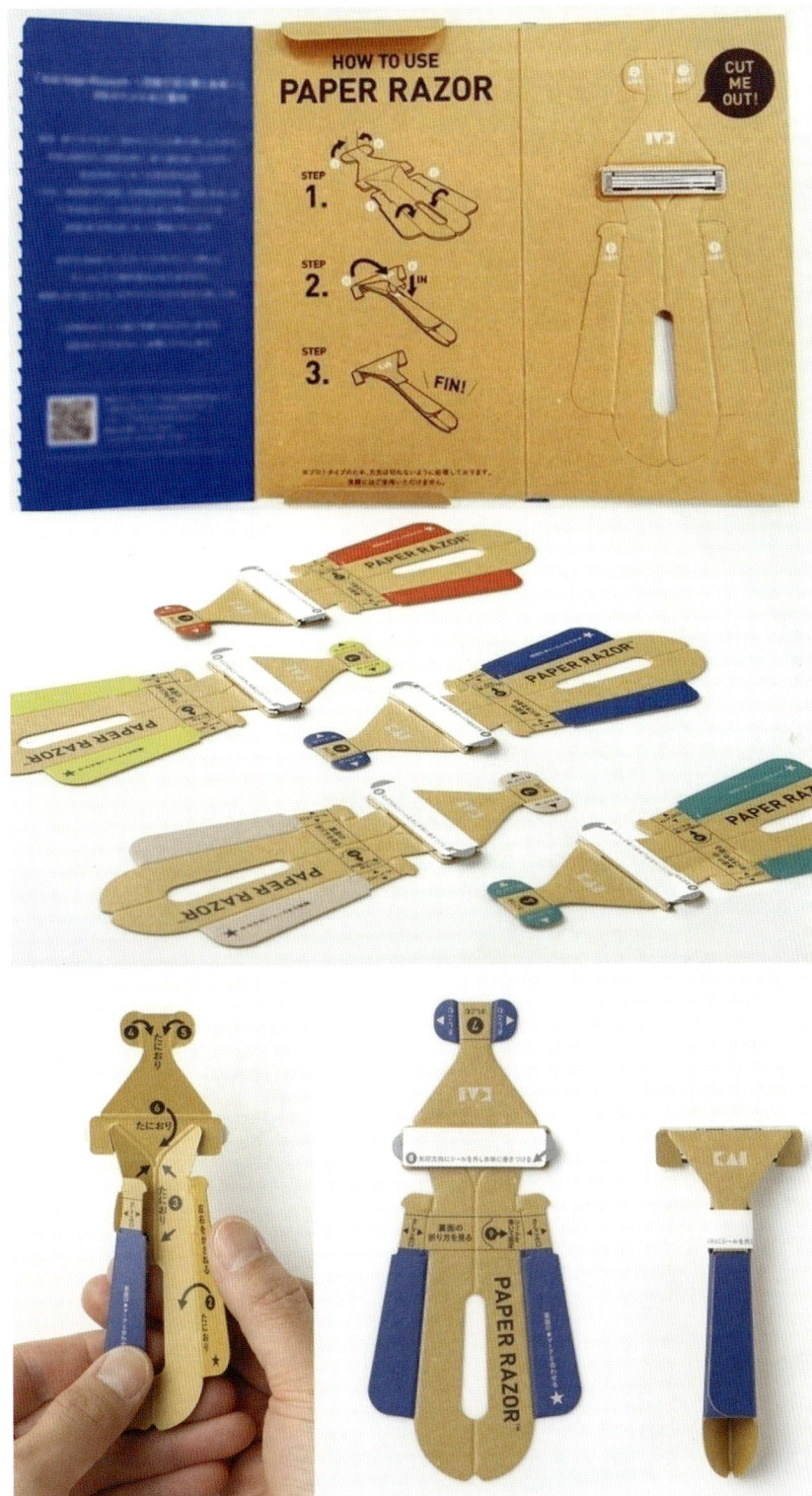

图 8-19　功效组合式的包装结构设计

图 8-20　功效融合的包装设计

图 8-21　功效融合的包装结构设计

第六节　解决问题类包装设计典型案例解析

解决问题类的包装设计有蜂蜜包装设计、折叠伸展的饼干包装设计等。

如图 8-22 所示的蜂蜜包装除包装形态特性美外，能打动消费群体的还有使用中不会因携带等给使用过程带来不便。

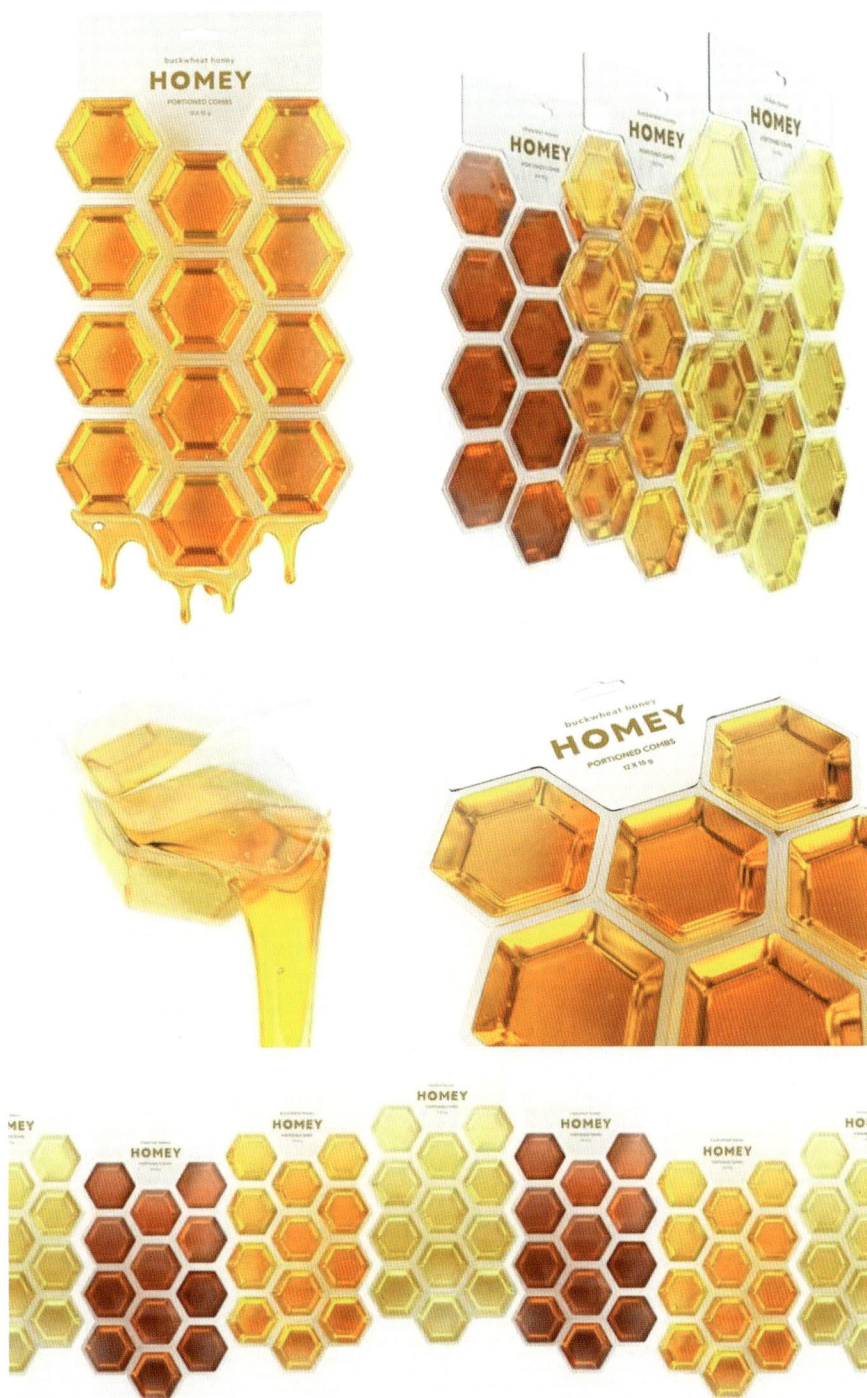

图 8-22　蜂蜜包装设计

可折叠伸展的饼干、完整的切拉香薰盘架、可挤压折纸的蜂蜜和挂耳咖啡等的包装,可展开、好开启等,解决使用过程中遇到的不方便等问题。(见图 8-23)

图 8-23　解决使用问题的包装设计

第七节　环保特性类包装设计典型案例解析

1.Srisangdao 有机大米包装设计（全场大奖）

Srisangdao 有机大米的包装设计如图 8-24 所示。

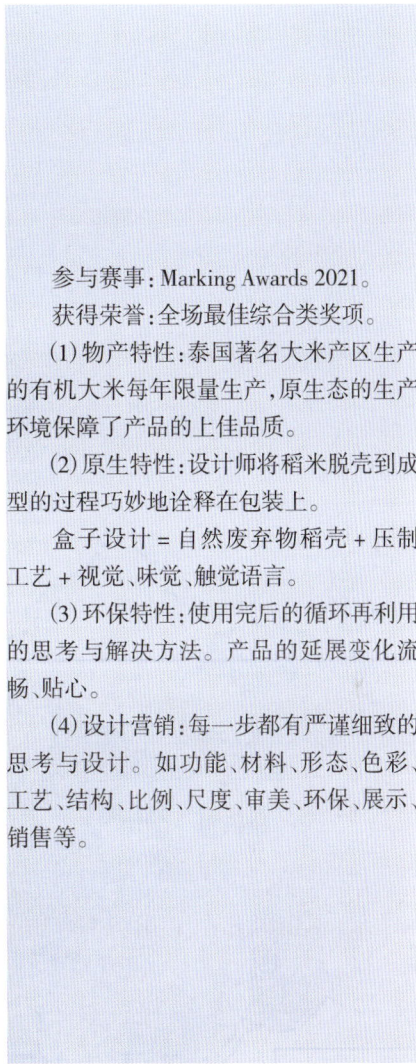

参与赛事：Marking Awards 2021。

获得荣誉：全场最佳综合类奖项。

（1）物产特性：泰国著名大米产区生产的有机大米每年限量生产，原生态的生产环境保障了产品的上佳品质。

（2）原生特性：设计师将稻米脱壳到成型的过程巧妙地诠释在包装上。

盒子设计＝自然废弃物稻壳＋压制工艺＋视觉、味觉、触觉语言。

（3）环保特性：使用完后的循环再利用的思考与解决方法。产品的延展变化流畅、贴心。

（4）设计营销：每一步都有严谨细致的思考与设计。如功能、材料、形态、色彩、工艺、结构、比例、尺度、审美、环保、展示、销售等。

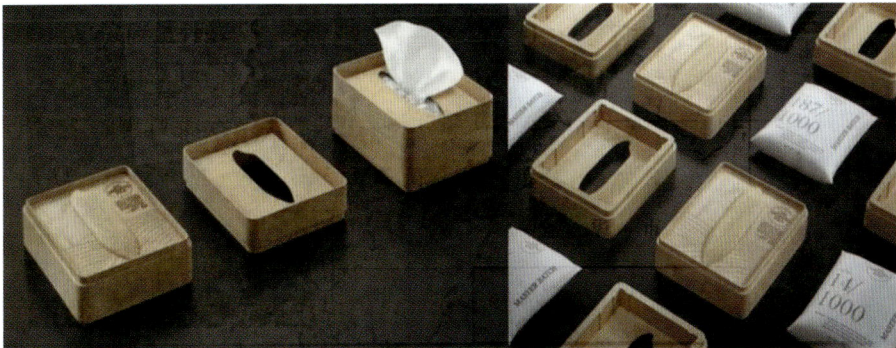

图 8-24　环保材料特性的包装

2.蔬菜绿色包装设计

设计来源于生活又高于生活。泰国蔬菜绿色包装带来正向视觉效果,香蕉叶或班兰叶代替塑料袋,就地取材既生活化又美观实用,这种具有浓郁而清新特色的包装形式真正体现出绿色环保理念。(见图8-25)

2019年的东盟峰会上的餐具也选用了用香蕉叶压缩制作成的盘子和碗。

图8-25 泰国蔬菜绿色包装设计

3."除植趣"减量设计计划

利用自然中的花草、树叶以及碎纸进行纸浆制作,将环保的理念与生活体验进行融合,设计成各类产品与包装。(见图8-26)

图 8-26 "除植趣"减量设计计划中的产品与包装设计

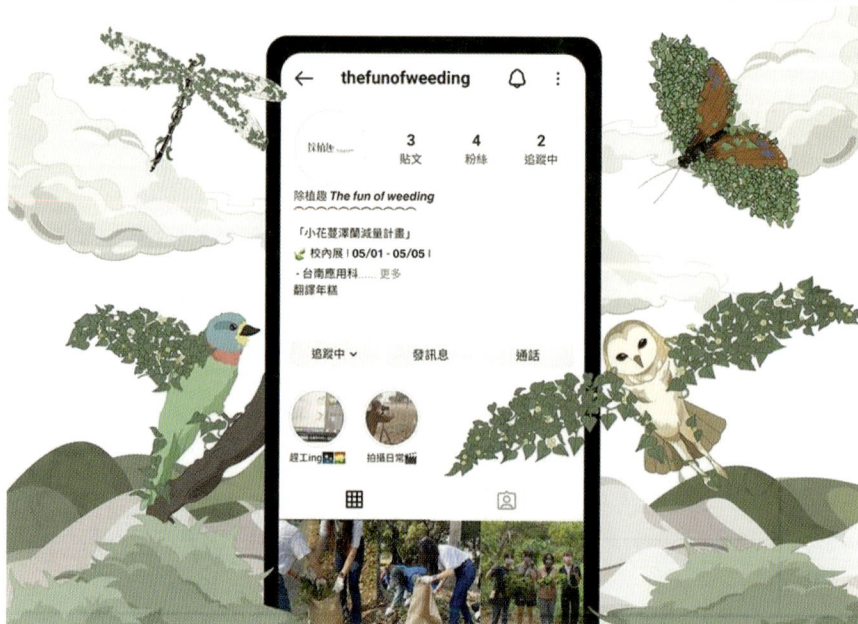

续图 8-26

4.可拼接再利用的包装设计、可降解的包装设计

可拼接再利用的包装设计、可降解的包装设计如图8-27和图8-28所示。

图 8-27　具有环保观念的包装设计(一)

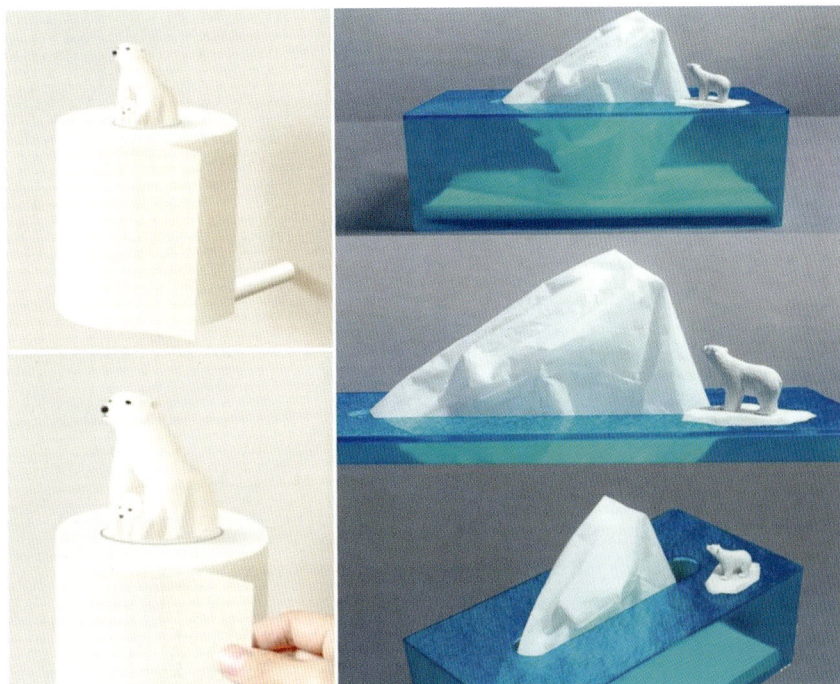

图 8-28　具有环保观念的包装设计(二)

第八节　新材料、新视角类包装设计典型案例解析

负碳菌丝体是生物材料,可快速降解,应用于包装设计从源头上改变、更新产品的包装形式,形成新市场,应用于设计的新方向。可降解的包装设计如图 8-29 所示。

图 8-29　可降解的包装设计

第九节　市场拓展类包装设计典型案例解析

字绘中国团队打造湖北文创第一站——黄鹤楼茶品。

针对茶叶市场的发展变化,字绘中国团队以黄鹤楼建筑与历史典故为切入点进行深度挖掘和分析,提炼其文化内涵并结合年轻人的喜好,对袋泡茶进行一系列的品牌视觉设计,实现品牌持续增值。

字绘中国团队在设计过程中对行业洞察、品牌策略、品牌视觉的分析如图8-30所示,黄鹤楼主题包装设计及文创产品设计如图8-31所示。

行业洞察、品牌策略、品牌视觉

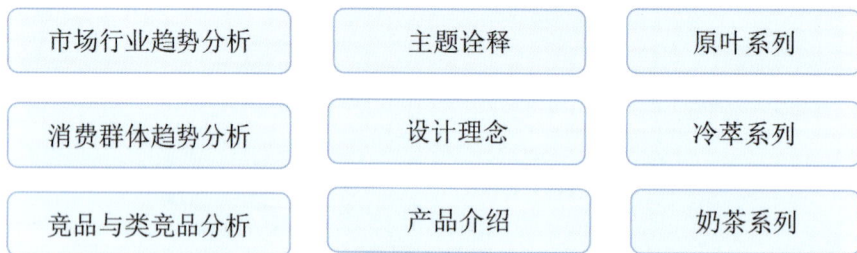

市场行业趋势分析	主题诠释	原叶系列
消费群体趋势分析	设计理念	冷萃系列
竞品与类竞品分析	产品介绍	奶茶系列

图 8-30　行业洞察、品牌策略、品牌视觉分析

图 8-31　黄鹤楼主题包装设计及文创产品设计

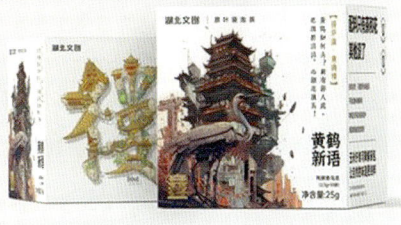

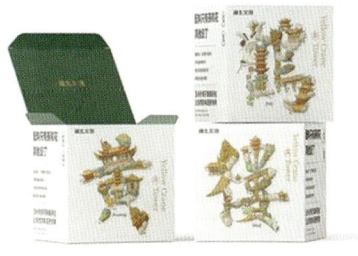

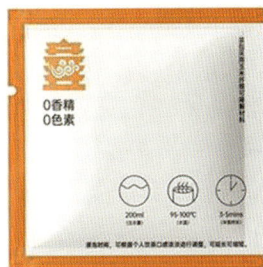

续图 8-31

第七章用初学的学生案例解析从创意到设计完善的多种可能性,本章选用了各类优秀的典型案例来对应学生们的设计进行对比性解析,除要求技能的掌握外,希望能激发同学们的学习兴趣,拓展思路,同学们要相信自己有能力学懂、学会、学好包装设计。

参考文献 References

[1] 孙诚. 包装结构与模切版设计 [M]. 北京:中国轻工业出版社,2009.

[2] 徐筱. 纸包装结构设计 [M]. 北京:高等教育出版社,2019.

[3] 胡雨霞. 树叶·葫芦·西瓜 [J]. 包装与设计,2004,(1):86-87.

[4] 何洁. 现代包装设计 [M]. 北京:清华大学出版社,2018.

[5] 王受之. 世界平面设计史 [M]. 北京:中国青年出版社,2018.

[6] 刘亚平. 包装设计理论及创新应用实践 [M]. 北京:中国水利水电出版社,2019.

[7] 梁小雨,胡雨霞,梁朝崑. 三大构成 [M]. 武汉:华中科技大学出版社,2021.

[8] 邓卫斌,胡雨霞,李雪. 创意思维 [M]. 武汉:华中科技大学出版社,2021.

[9] 原研哉. 设计中的设计 [M]. 朱锷,译. 济南:山东人民出版社,2006.

[10]Donald A.Norman. 情感化设计 [M]. 付秋芳,程进三,译. 北京:电子工业出版社,2005.

后记 Epilogue

　　传统的包装设计教学强调的是从远古了解包装设计的发展历程,追原求始。现代包装设计追求美的特性、追求使用舒适便利特性、追求自然生态特性,其发展观是探求包装的意义与服务的新意识,即环保发展观、需求发展观、未来发展观,如马斯洛需求层次理论提出的需求的第一层——生存需求,即本能的温饱需求;需求的第二层——安全需求,即从温饱到有结余能自主支配的需求;需求的第三层——享受需求,即有生理与心理双重特性的需求;需求的第四层——尊重需求,即对需求有除物质外的新意识;需求的第五层——自我需求,即回归,开始关注生存的本质。结合现代包装设计的特色及包装设计的要义,在对包装设计的目的、意义、作用及学习的方法进行解读和从消费者、设计者的视角阐述包装与包装设计的关联外,选择性地列举了在校学生的设计作业及已进入市场的典型案例,共同探讨包装设计的服务特性和什么才是社会需要的包装。